ボーダー・コリー（北ウェールズの農場で著者撮影）

# イギリス社会と犬文化

## ――階級を中心として――

下田尾　誠　著

開文社出版

# 目次

# はじめに

大学時代からイギリスの文学に親しんできた。大学院に入ると一四世紀の詩人ジェフリー・チョーサーに関心を絞り、代表作品である『カンタベリ物語』のなかでキリスト教的な主題がどのように扱われているのかを主な研究の課題としてきた。

同時に、純然たる作品研究ではなく、文学というテキストの歴史性を拠り所にした、広い意味での歴史・文化研究にも取り組んできた。例えば近代以降の文学のなかでスポーツがどのように描写されているのかを追究したりもした。そのようなテーマと関わる中、広い視野で文学をとらえ、そこから生まれる研究方法の可能性を模索する醍醐味も味わった。

一方、文学研究とはまったく別の次元で、私は犬、とくにイギリス生まれの犬について調べることを長年の趣味としてきた。訪英する機会があるたびに古書店などに立ち寄り、関係書を渉猟してまわった。帰国すると、買い漁った本のページをめくるのが細やかな週末の楽しみとなった。さらには自宅でゴールデン・レトリーバーを飼っていたことも、イギリス原産犬への関心を高めることに繋がったのは間違いない。

その私が縁あって中央総合学園高崎ペットワールド専門学校で教鞭をとる機会を与えられる。同校でいくつかの科目を担当することになったが、なかでも入念に授業準備にあたったのが、イギリス原産犬種の歴史についてのクラスであった。それまで集めた文献・資料を改めてじっくりと読み返す時間が与えられたのである。

高崎ペットワールド専門学校では、毎年実施されるイギリス研修旅行の企画を任され、今までに北ウェールズの牧羊犬ファーム（ユーフォリア・シープドッグ・センター）、イギリス最古の犬・猫保護センターであるバタシー・ドッグズ&キャッツ・ホームなどを訪れた。また、チェスター大学と教育提携を結ぶことができたお陰で、同大学・生物学部の施設見学、ならびに大学のインターンシップ先であるチェスター市内の家庭犬しつけ方教室への参加も実現した。滞在中には生体を販売しない典型的なイギリスのペットショップを訪れ、ケンジントン公園での犬の散歩風景を観察する機会を設けているが、犬の福祉への配慮、犬種の豊富さに驚かされるのはいつものことである。

かくして歳月が過ぎ、今まで集めた資料や講義ノートを読み返すなかで心にある思いが芽生えた。それは、ともすれば断片的にとらえられがちな犬種をイギリス社会史との関連において論じてみようという思いであった。ご存知のとおり、今までイギリス社会について書かれた著作の数はおびただしい。また昨今のブームも手伝って、犬について書かれた本もたくさんある。しかし両者を融合させた論考は、さほど多くは見かけられないのが現状ではないか。それでは、イギリスに存在する多種多様な犬たちが、いかなる社会状況のなかで誕生したのかを一つおさえてみよう。そう思い立ったのが、本書を書く動機となった。

今述べたテーマを考察するにあたり設けたキーワードがある。その一つが「階級」である。イギリスは現在もゆるやかな階級社会とよばれているが、犬との関連でいえば、階級によって異なるライフ・スタイルがあり、それぞれのライフ・スタイルに合った犬がいたという歴史がある。今でこそ、犬はペットであるという認識が巷に浸透している。だが過去に遡れば、王侯こそ犬をペットとして飼育した歴史をもつものの、彼らをふくめて圧倒的大多数のイギリス人にとり犬とはしかるべき仕事をさせるために作られたものであった。それぞれの階級が犬に求めた役割とは何であったのか。その役割を通して、人と犬との結びつきを探ってみた。

もう一つのキーワードは「社会変化」である。その理由は、今述べた人（階級）と犬との結びつきは必ずしも固定的でなく、流動的であり、その流動性を生み出す要因が社会の変化に伴う様々の事象といえるからである。イギリスについていえば、封建制度の崩壊、諸産業の発達、新興階級の躍進、囲い込み（エンクロージャー）、科学の発達、銃の発明と改良、農業改革、農村共同体の衰退、鉄道などの輸送手段の発達、工業社会の出現、動物愛護運動の高まり、都市型ライフ・スタイルの誕生などをあげることができよう。それらの出来事をきっかけに、人と犬との関係はどのように変化したのか。また変化にあわせて、どのような犬が誕生し、絶滅したのかを確認してみた。

以上のようなねらいから、本書はおのずと人と犬との関係を歴史的にたどるという体裁をとることとなった。カバーする時代範囲は中世のはじまりとされる十一世紀（一〇六六年のノルマン人によるる征服）からヴィクトリア王朝時代のおわりまでとした。もちろん、ノルマン人渡英以前の時代にあってもケルト人、ローマ人、アングロ・サクソン人、デーン人たちが各々、犬との関係を築いていたのは事実である。しかし森林法、狩猟法などが整備され、犬にまつわる信頼のおける書物が世に出まわるのは中世以降である。また、二〇世紀以降、人と犬との関係は多様化し、多くの新犬種が誕生したのは事実であるが、本書ではとりあえず犬種という概念が確立し、犬の系統化が行われたヴィクトリア時代までの動きを辿るにとどめた。二〇世紀以降における人と犬との関係については、また機会を改めて論じたいと考えている。

本書の上梓にあたり、中央総合学園高崎ペットワールド専門学校で教鞭をとる機会を私に与えてくださった中島利郎理事長をはじめ、「なぜ」を問う教育の実践を唱え、人と犬との良好な関係から紡ぎだされる奥行きのある文化の大切さを常々説かれる松本邦夫学校長、吉沢尚志前副校長に感謝を申し上げたい。かような文化を育まんとする教育環境がなければ、本書執筆のインセンティブは与えられなかったといっても過言ではない。

最後に、今回の企画を快く受け入れ、出版を引き受けてくださった開文社出版株式会社の安居洋一代表には、本書のタイトル選定や構成面について貴重なご意見を賜った。心より感謝申し上げる次第である。

二〇〇九年　九月

下田尾　誠

再版にあたって

この度再版の機に恵まれたのをさいわい、これまでの不備を補い、誤記、誤植を正した。

著　者

狩りをするハロルド王（バイユー・タペストリー）

# 1

# 中世の時代

## ——ノルマン人の征服からテューダー王朝まで

イギリスにおける中世は十一世紀に幕を明けた。一〇六六年、イギリスの王位継承をめぐる闘いがヘイスティングズの近くで繰り広げられ、フランスのノルマンディー公ギョーム（ウィリアム）率いる勢力が、ハロルド二世のイングランド軍を打ち負かし、その後の優勢を決定づけた。

この闘いの結果、イギリスの支配階級はノルマン系のフランス人が占めることとなる。しばらくするとウィリアムの支配体制のもと強大な王権と大領主の少ない封建制度が導入された。それに拠れば、すべての土地は王の所有であったが、王に忠誠を誓い、戦時に援軍を約束した臣下には土地が与えられた。彼らは非戦時には地方の領主として各々の土地を治めることとなる。

中世の後期に入ると、イギリスは土地をめぐってフランスとたびたび戦争を繰り広げた。幸いなことにイギリスの国土が戦場と化すことはなかったが、王の悩みは戦費の調達であった。一三三七年、フランスに対し宣戦布告したエドワード三世は費用を地方の議会から調達しようとこころみた。村々は羊毛で得た収入から、国王に資金を提供した。援助のメリットは、しかるべき譲歩を王側から引き出し、国内外での王の政策に影響力を及ぼすことができた点であった。かくして一四世紀の終わりには議席のある地方の有力者たちが次第に王に対して自らの権利を拡大するようになっていった。

王政への求心力が弱まるのとあわせて封建体制も崩壊の道を辿っていく。王に次ぐ地位にあった貴族もその権勢をバラ戦争（一四五五―八五）を通して失っていった。この戦争は貴族社会にとり破壊的であった。誰かを捕虜にしても無意味であった。釈放のための身代金の支払いに誰も関心を示さなかったからである。誰もが相手の貴族を滅ぼすことにのみ関心があったのだ。その結果、一四八五年のボスワースの闘いまでには由緒ある貴族のほとんどが滅びてしまう有様であった。貴族の代わりに勢力を増していったのが田舎に移り住んだ爵位を持たぬジェントルマンたちであった。

勢力分布にみられる変化の背景としては、農業を貨幣経済のシステムに組みいれる要因をつくった黒死病（一三四八―四九）を無視できない。この病気の蔓延はイギリスの労働人口を半減させた。にわかに労働力は貴重な宝となる。小作人のなかには羊を売って稼いだ資金で、土地に縛られていたかつての同僚を雇用するつわものもあらわれた。彼らのなかにはヨーマン（自営農民）になった者もおり、さらにはそのなかからやがてジェントリー（小領主のうち地主化した者。ヨーマンよりは上位の層）の階級に昇りつめた者も出たほどである。かくしてイギリスのジェントルマンは、中世の終わりには大陸のジョンティヨォムとは似て非なる存在となっていた。

# 中世の狩猟

## ▼狩猟資格について

封建制度は狩猟の権利とも深くかかわっていた。王の所有する広大な森林の内外で狩猟できる権利を与えられたのは領主たちであった。ちなみに王の森林（ロイヤル・フォレスト）とは単に森だけでなく、荒野、牧草地、湿地など、シカやその他のゲーム（狩りの対象となる動物）が棲息する広大な土地を指した。

征服王ウィリアムが制定した森林法にも封建的な階層区分が色濃く反映される。例えば、シカ、イノシシは貴族が猟する高貴な獲物とされた。野ウサギはその次にランクされる獲物であった。キツネやアナグマは害獣と見なされることが多かったが、それらも捕獲の対象とされた。基本的に狩猟は位の高い者の楽しみであった。

中世にはハンティングに関する著作は複数存在した。エドワード二世のハンツマンであるトウィチ（あるいはトウェティ）などは、著書の『狩猟術』の中で捕獲対象となる獲物を、狩りの獲物（the beasts for hunting）、私有狩猟場の獲物（the beasts of the chase）、気晴らしの対象（the greate dysporte）の三つに分類している。彼によれば、最初のグループには野ウサギ、牡ジカ（五歳以上）、オオカミ、野生のイノシシが、次なるグループには牡ジカ、牝ジカ、キツネ、テン、ノロジカが、最後のグループにはアナグマ、ワイルド・キャット、カワウソが入れられた。(*Le Art de Venerie* 〔1328〕)書物によって分類のされ方は微妙に異なったが、シカとイノシシが最上位のグループに収まる点についてはほ異論はなかったようである。

森林法は厳しく適用された。密猟者に対する罰則は、目潰し、去勢、手足の切断をふくむ厳しいものであったが、たいていの者は違反は罰金により処理されるものと考えていた。貧民のなかのグレイハウンド所有者は三年ごとに開かれる森林裁判に出廷し、自分たちのハウンドが森林で殺意にもえて暴れ狂うようなことがなかったかどうかを申告する必要にせまられた。無許可のハンティングをさせないために、所有する犬が猟獣を脅かすに足るサイズであるかどうかを見定める検査も併せて実施された。

領主の屋敷を護ったのはマスティフと呼ばれる犬であった。昼間は繋がれて飼われたマスティフも、夜には紐を解かれて領地の護衛にあたった。この犬については先述した森林法のなかでも大きくとりあげられている。領主が所有する森林の周辺に住む農民にもこの犬の飼育が許されたが、それは片方の前足の爪をはがすという条件つきであった。農民たちがマスティフをシカ狩りに使用するのを恐れてのことであった。シカ狩りはいうまでもなく王侯の特権であった。

だがイギリスでは中世も後期に入ると、状況に変化が見られるようになる。それまでは王の狩猟権を護っていた森林法も、新しい勢力地図のもと、ジェントリーの権利を護る狩猟法(ゲーム・ロー)に取って代わられた。そこにはフランスやドイツの法にみられた厳密な階層区分にもとづく狩猟資格についての件は見あたらず、たとえばヨーマン（自営農民）なども新しい法のもと比較的自由に狩猟することができた。

## ▼狩猟に参加した聖職者たち

貴族と比べると、対象となる獲物は限定されていたものの、中世には聖職者も狩りを行った。当時の狩猟は時間のかかる娯楽であった。時には時間を延長して行われることもしばしばあり、側近の者などは狩りが行われたその日のうちにスタートした地点に戻れないこともあった。彼らはそうした場合、近くの修道院に宿泊の許可を求めたという。男子修道院に続き、やがて女子修道院もまた狩猟部隊に対してホスト役をつとめることが期待されるようになる。そのようなことがきっかけで、修道士などの聖職者が狩りに関心をもちはじめたとも伝えられている。一四世紀のイギリス詩人チョーサーの代表作である『カンタベリ物語』の総序の歌（ジェネラル・プロローグ）にも、狩猟に熱中する一人の修道士が登場する。

修道士がいましたが、並外れていい男でした
外回りが役目で、たいへんな狩猟好きでした
・・・・・・・
飛ぶ鳥ほど速く走るグレイハウンドを飼っていて、

## 馬を駆ってウサギ狩りをするのが何よりの楽しみでした

だが、修道院のような厳粛な場ではハウンドの飼育は敬遠され、教会の権威筋からは違反行為とみなされたのは言うまでもない。犬の吠え声で瞑想や礼拝が妨げられ、貧民に与えられるべき施しが犬の餌と化すこともあったという。（『カンタベリ物語』の総序の歌には、ペットである小さなハウンドに白パンを与える女子修道院長も描かれている。）

だが、そうした問題にもかかわらず、修道院に住んでいた聖職者が狩猟を行なうことができたのは事実であった。レスターシャーの聖メアリー修道院長のウィリアム・ド・クラウンなどはウサギ狩りの権威として知られ、ヘンリー三世と息子のエドワード王子の狩りの相談役でもあった。

狩りの好きな修道士
『カンタベリ物語』エルズミア写本挿画

## 狩猟のジャンル

中世の狩りはそもそも食料を確保するためのものであったが、それは次第に有閑階級の娯楽・気晴らしへと発展していく。バラエティーに富む当時の狩猟を振り返ってみたい。

### ▼鷹狩り

他のヨーロッパ諸国と同様、イギリスでも鷹狩りは王侯貴族らによって楽しまれた。この種の狩りに用いられた犬はスパニエルであったとされている。同犬への言及は十五世紀のはじめに第二代ヨーク公、ノリッジのエドワードによって書かれた『ザ・マスター・オブ・ゲーム』（*The Master of Game*）にみられる。この本はフランスの大狩猟家であるガストン・フェブスの著した『狩猟の書』（*Le Livre de la Chasse*, 1387）の英訳にイギリスの狩猟環境をふまえて加筆された部分が合わさった著作であるが、スパニエルへの言及はそのまま残されていることからも、中世の後期にはこの犬はイギリスにも存在していたと察せられる。

鷹狩りにおけるスパニエルの役割とは獲物である鳥の居場所をつきとめてポイントし、指示された後に鳥を脅して飛び立たせることであった。それをハヤブサなどの猛禽類が空中で捕獲し、主人のところに持ち帰るというスタイルである。中世ではジョン王（在位一一九九―一二一六）やエドワード三世（在位一三二七―七七）などが熱狂的な鷹狩り愛好者であったと伝えられている。

## 獣猟（ハンティング）

### ▼シカ狩り

獣猟のなかでも最も高貴な一つと考えられたのがシカ狩りであった。ウィリアムの征服にはじまるノルマン人の渡英にともない、たくさんのフランス系ハウンド（獣猟犬）がイギリスにもたらされた。なかでもシカ狩りで活躍したのがタルボット、ライ

14世紀の女性によるタカ狩り

ライマーを使ってのシカ狩り

マー、ブラシュなどの臭覚ハウンドであった。

タルボットはノルマン・ハウンドで、シカのなかでも大型の牡ジカの狩猟によく使われた。同犬は傷ついたシカを、血の臭いをたよりに探しあてるのに特に秀でていた。

ライマーは紐《ひも》をつけた上で用いられ、狩人が仕留めやすい状況にシカを追い込む役目をになった。ちなみに、ライム（lyme あるいは lyam）とはハウンドに用いたリード（引き綱）の昔の呼び名である。

ブラシュは小型で活動的なハウンドであった。タルボットと一緒にシカ狩りに用いられ、下生えをくまなく捜索するのが得意であった。

その他、ノルマン系以外のハウンドとしては、後にオールド・サザン・ハウンドへと発展していったガスコンなどがいた。ガスコンはその名が示す通り、フランスはガスコーニュ地方原産の犬で、一三六三年にエドワード三世の宮廷に加わったブロカス家がイングランドへの移住に際して連れてきたハウンドであった。

臭覚ハウンドとともにシカ狩りによく使われたのが視覚獣猟犬のグレイハウンドであった。グレイハウンドはウサギを狩る犬としてイメージされがちであるが、中世では臭覚ハウンドにより在処をつきとめられ、そこから駆り出されたシカをとことん追いつめる役目をおった。当時のグレイハウンドには様々なタイプがあったようだが、いずれもアスレティックな体躯をもち、脚力があるという点では共通していた。

この時代のグレイハウンドは特別な価値をもつ犬として扱われていた。その証拠として、リンカーンズ・イン法学院の弁護士で、森林法の権威であったジョン・マンウッドが一五九八年に公にした『森林法集』に紹介される中世のカヌート法には次のような記述が見られる。

賎民はグレイハウンドを所有できない。自由民は御料林管理官の前で犬の膝を切れば飼育がゆるされる。ただし森林との境界線から一〇マイル以内の場所にとどまるのであればそれには及ばない。自由民がその範囲をこえて森に近づくことがあれば、一マイルごとに十二ペンスの罰金の文払いが命じられる。グレイハウンドが森林内で発見された場合、所有者は犬を没収され、王に一〇シリングを支払わねばならない。

グレイハウンドが当時いかに貴重な犬であったかが理解されよう。

シカ狩りは中世も後期にすすむにつれて儀式化し、様々なハウンドを併用しながら、ハンツマン、ハウンド指揮係、フットサーバント（徒歩で随伴する使用人）を擁して大掛かりに繰り広げられる一大イベントと化していった。ほとんどがフランスのスタイルを模倣して行われたが、中世の終わり頃には多少の違いも現れるようになる。たとえば先に紹介した『ザ・マスター・オブ・ゲーム』には当時のシカ狩りの模様が紹介されているが、ガストン・フェブスが使用することもあった網や罠についての言及はそこにはみられない。知力と体力をかけてシカを追いつめる力ずくの狩りにこだわる姿勢に、大陸とは異なるイギリス特有のスポーツマン・シップの片鱗を窺い知ることができる。

### ▼ウサギ狩り

伝統的なタイプの狩猟としてシカ狩りとともに人気があったのがウサギ狩りであった。ここで活躍したのがグレイハウンドである。ガストン・フェブスの『狩猟の書』には当時のウサギ狩りの様子が解説されているが、そこには作物畑から追い立てられたウサギを小型のグレイハウンドが追跡し、石弓をもったハンツマンが馬に乗って後に続くシーン（次頁）を描いた絵も紹介されている。注目すべ

グレイハウンドなどの獣猟犬を用いてのウサギ狩り

きはこのウサギ狩りが、いささか儀式化されすぎたシカ狩りとは異なり、形式にとらわれない、より少ない費用ですむ経済的な狩りとしてイギリスでは人気があった点である。また、『ザ・マスター・オブ・ゲーム』では、シカ狩りよりもウサギ狩りが先に取り上げられているのも興味深い。

同じウサギ狩りでも、小型で穴居性のウサギ（ラビット）を捕える猟も存在した。これはグレイハウンドではなくテリアを使って行われる素朴なスタイルの猟であった。『ザ・マスター・オブ・ゲーム』のなかには当時の様々なハンティングに使われる犬が紹介されているが、その中に、穴居性の害獣をつかまえるのに用いられたと思しき犬を指す「テリアらしき小型犬」との記述も見られる。

### ▼キツネ狩り

先にシカと並んでイノシシが高貴な獲物とされていた事実にふれたが、時の流れとともにイノシシの数は減り、獲物としての価値は低下していった。そこで新たなターゲットとして注目されたのがキツネであった。近代ではキツネ狩りの主役はもっぱらフォックスハウンドであったが、中世ではまだフォックスハウンドは一つの犬種として確立されておらず、犬を使うキツネ狩りには主にテリアとグレイハウンドが使われた。テリアがキツネを穴から追い出し、それをグレイハウンドが追いかけるというパターンが通常であった。ジョン王の治世（在位一一九九―一二一六）にはすでにその種の狩りは存在していたようである。

面白いのはイギリス人狩猟家のキツネ狩りに対する考え方であった。彼らは、キツネをこそ泥に似た邪悪な存在であるとし、それゆえに同害獣の退治には他の狩りにはない道徳的な意味合いがあると解釈していた。犬を使用する以外にも、煙で穴からいぶり出して捕獲するケースもあった。

キツネ狩りの人気が出た理由の一つとして、他の狩猟が行われない季節、すなわち秋から早春にかけてがシーズン（最盛期）であった点も見逃せない。

## 見世物に登場した犬たち

古来、世界の各地で動物同士を闘わせる見世物が催された。イギリスも例外ではなかった。ここでは中世の時代に見られた、いくつかの代表的なアニマル・スポーツを紹介してみたい。

### ▼牛追い、牛掛け、熊掛け

歴史的にみてイギリスで最初に記録されている犬と牛との闘いは、ジョン王の治世まで遡ることができる。一二〇九年のある日、スタンフォードという町の領主であるウォレン伯爵ウィリアムは、城内の二頭の牡牛がある牝牛をめぐって闘いを繰り広げている様を見物していた。しばらくすると、その闘いは肉屋の犬たちが牡牛の一頭にねらいを定め、町中を追い回すという事態に発展する。興味深くその有様を見ていた伯爵は、この種の見世物を開催すべく城内にある牧草地の提供を思い立つ。条件は、クリスマスの六週間前のしかるべき日にあわせて、狂った牡牛を探し出すというものであった。

ジョン王の時代、牛追い（ブル・ランニング）の催しは見物客の身の安全を確保できる広大な円形劇場（アリーナ）で繰り広げられることもあった。そこでは牛を追いかけて自由に犬は場内を駆け回ることができた。犬たちは、あらんかぎりの力をふりしぼって牛を追いかけ、打ち倒したのであった。だが、劇場の数には限りがあったため、牛追いは、その他の場所で行われるケースが多かったと伝えられる。

よりポピュラーな牛いじめは、ロープや鎖でつながれた牡牛に犬をけしかけるスタイルであった。牛掛け（ブル・ベイティング）とも称されるこのスポーツの歴史は古く、ノルマン人のイギリス征服（一〇六六）に伴い、ノルマンディー地方の曲芸師が連れてきた闘犬を牡牛と闘わせたのがはじまりとされている。牛追いと同様、使用された犬は力のあるマスティフ・タイプの大型犬であったが、現在のマスティフあるいはブルドッグのように固定化された一つの犬種ではなかった。

闘牛犬のターゲットは牛の鼻面であった。そこを噛まれたくない牛はできるかぎり頭の位置を低くする。前足の蹄で穴を掘り、急所である鼻をかくまおうとする牛もいた。犬のほうも牛の角にかからないように、身をかがめて接近する作戦をとったといわれる。

牛掛けという残酷なスポーツについて特筆すべきは、狩猟とは異なり、それが貴族、ジェントリー、小作人など様々な階級を巻き込んだ、いわば国民的娯楽であったという点である。

動物を扱うその他の見世物としては熊いじめがあった。イギリスの貴族たちは長らく野生の熊狩りを愛好していた。したがって罠で捕らえた熊と犬を闘わせる、いわゆる熊掛け（ベア・ベイティング）が宮廷で催されるようになったのも自然な流れであった。古くは一〇五〇年にエドワード懺悔王が熊一頭と六頭のマスティフの闘いを許可したという記録が残っている。熊掛けは、一七世紀にオリ

牛掛け　（ヘンリー・オルケン画）

ブル・ベイティング／ベア・ベイティング

バー・クロムウェルの共和政議会が中止を命じるまで、途切れることなく行われ続けた。このイベントで活躍したのもマスティフ・タイプの犬であったという。

# 2

# テューダー王朝

## ――世界に進出したイギリス

この時代、イギリスはますます豊かな国へと発展していった。テューダー王朝（一四八五―一六〇三）の君主たちは対外的にはスペインなどとの戦争を繰り広げながらも、強い指導力により国内の平和を維持し、安定した社会の実現に力を注いだ。そうした社会状況のなかで伝統的な毛織物産業のほか、大航海時代を反映する造船業などの産業も栄え、イギリスの経済力は伸展していった。

アラゴン王国（スペイン）のキャサリンと結婚したヘンリー八世は男子の世継ぎのないことを理由に妻との離婚を考え、当時のローマ教皇にその許可を求めたが、教皇は外交上、さらには親族との関係上、それを許さなかった。

激怒したヘンリーはローマと袂を分かつ道を選び、あらたに独自の教会を設立し、一五三四年にはイングランド国教会の首長となることを議会に承認させる。これにより、それまでの教会と国家という二つの枠組みが崩れ、国王至上主義の体制が整備されてゆく。

ヘンリーが抱える悩みの一つは金銭面にあった。王は壮大な宮廷を維持するのに多額の費用を使い、さらにはイングランドにとりほとんど無益な戦争にまで出費したため、父のヘンリー七世が貯めこんだ資金がほとんど底をついてしまったのであった。

そこで王が目をつけたのが教会の財産であった。当時の教会は大土地所有者であったからである。ヘンリーはすぐさま修道院の解体に着手し、ジェントルマン、新興の小地主、商人などにその土地を売り払い、国家の運営に必要な資金を手に入れる。ヘンリーから土地を購入した者の中には、修道院の建材などを用いて壮麗なカントリー・ハウスを建設した者もいた。

テューダー王朝の時代、イギリスは全体としては裕福な社会へと発展していった。豊かな者はますます豊かになった。だが貧しい者をとりまく状況は悪化した。その一因は物価の高騰にあった。とくに食料の価格はこの時代、労働者が稼ぐ賃金の倍の速さで上昇したのであった。

ほとんどの人が暮らしていた農村では、労働者は狭い耕地で作物を細々と育てていた。共有地（コモン）で飼養される家畜の数も限られていた。そのような貧しい農村に新たな変化の波が押し寄せる。エンクロージャーとよばれる土地の囲い込みであった。当時、急成長をとげた毛織物業者との間で羊毛を高値で取引できることを知った領主が、それまでの農地を羊を飼う農場に改変することをもくろんだのである。この機に乗じたのが経済力を増しつつあったヨーマン（自営農民）たちであった。彼らは領主に地代を払い、囲い込まれた土地で牧羊を営むことを志願する。耕す土地を奪われた小作人は、町への移住を余儀なくされた。

## この時代に存在した犬たち

### ▼ジョン・キーズ博士による分類

イギリスに存在する犬の分類に最初に取り組んだ人物はケンブリッジ大学ゴンヴィル学寮の再創立者であり、テューダー王朝の三人の王（エドワード六世、メアリー一世、エリザベス一世）の主治医でもあったジョン・キーズ（ラテン語名＝ヨハンネス・カーイウス）である。

キーズ博士の代表作が一五七〇年にラテン語で書かれ、六年後にエイブラハム・フレミングによって英訳された『イングランドの犬について』（*Of Englishe Dogges*〔原典は*De Canibus Britannics*〕）である。この本は、同時代のスイスを代表する博物学者であったコンラート・ゲスナーの依頼を受けてキーズが執筆したものであった。家畜化された犬の進化に関する洞察力に富む論考として名高い同著で博士は当時のイギリスで観察された犬を紹介している。それらは狩猟犬（テリア、ハリアー、ブラッドハウンド、ゲイズハウンド、グレイハウンド、ライマー、タンブラー、スティーラー、セター、ウォーター・スパニエル〔ファインダー〕）、ランド・スパニエル）、家庭犬（スパニエル・ジェントル〔コンフォター〕）、牧羊犬（シェパーズ・ドッグ）、マスティフ（バンドッグ）、単純作業をする犬（ウァップ〔警備犬〕、ターンスピット〔焼き串回転犬〕、ダンサー〔舞踏犬〕）の十七種類である。

キーズ博士の分類法は近・現代のそれとは明らかに異なり、犬の外見というよりは役割にもとづいたものであった。犬の命名法が今日のそれとは必ずしも対応していない点も注目に値する。

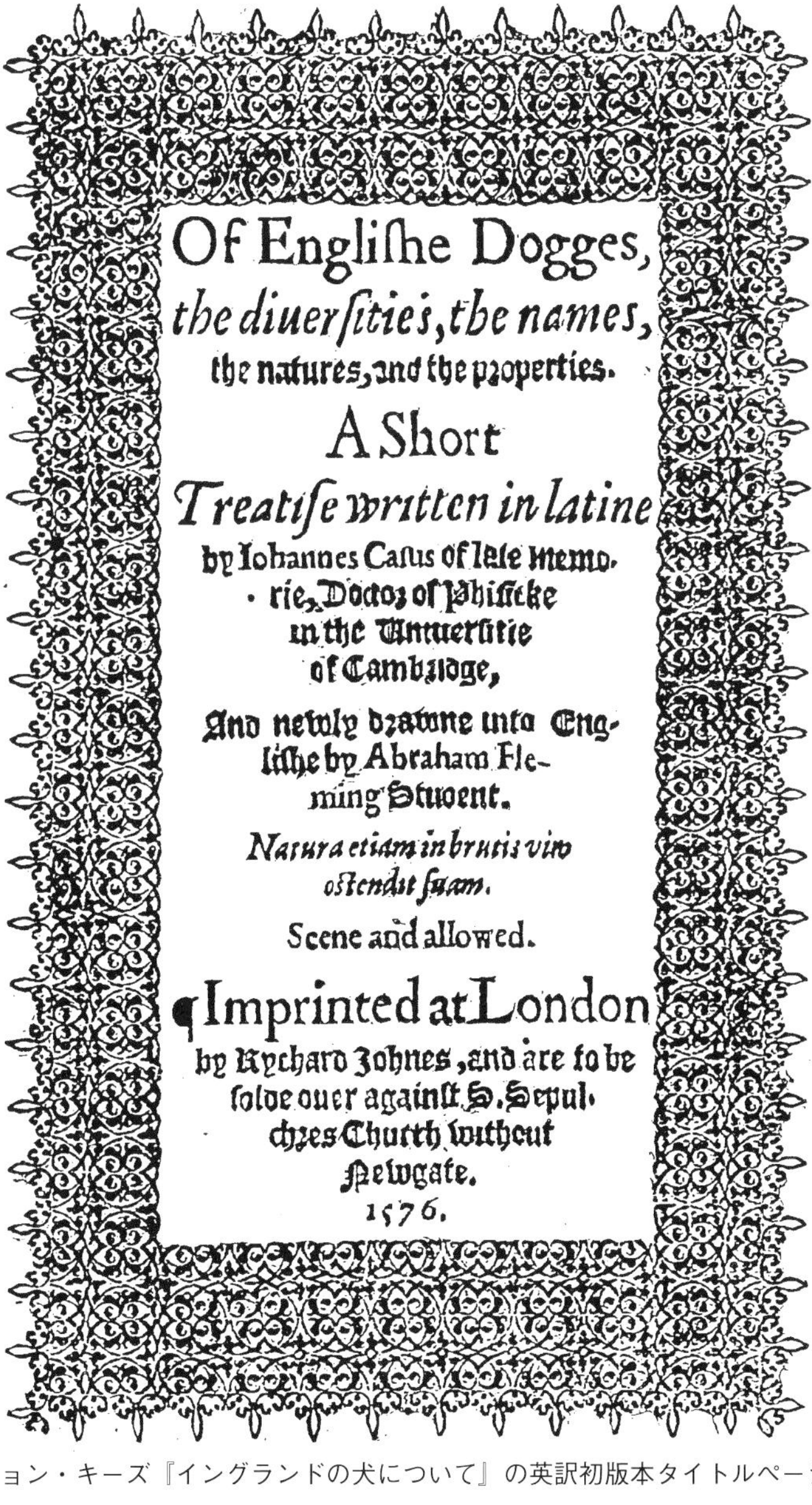
Of Englishe Dogges,
the diuersities, the names,
the natures, and the properties.
A Short
Treatise written in latine
by Iohannes Caius of late memo-
rie, Doctor of Phisicke
in the Uniuersitie
of Cambridge,
And newly drawne into Eng-
lishe by Abraham Fle-
ming Student.
Natura etiam in brutis vim
ostendit suam.
Scene and allowed.
¶ Imprinted at London
by Rychard Iohnes, and are to be
solde ouer against S. Sepul-
chres Church without
Newgate.
1576.

ジョン・キーズ『イングランドの犬について』の英訳初版本タイトルページ

# 有閑階級の狩猟について

### ▼シカ狩り

この時代も伝統的な野生のシカ狩りは貴族の楽しみであった。中世と同様、それは依然としてフランスの方法に倣ったもので、ライマーなどの猟犬が使われた。シカ狩りを貴族階級に限定する決まりはとくになかったが、獲物の数が減少したことに併せて、しきたりがますます細密な内容になっていたため、フォーマルなシカ狩りに関わることができたのは現実的には特権階級の人たちであった。

他方、あまり形式にこだわらないシカ狩りを楽しんだ人たちもいた。ジェントリーやテナント（借地農民）たちはフランス原産のスタグハウンドを駆使して赤ジカなどを捕獲した。

インフォーマルな狩りの一つがハウンドにシカを追い詰めたり、ある場所から駆り出したりする役目だけをおわせるスタイルであった。その後は弓矢などで射手が止めをさしたのである。この方法を用いた狩りは森林というよりは猟園の中で行われた。これには、かつては王が特権階級である貴族や修道院にたいして与えた土地であった猟園が、十六世紀までには、ほとんどの領主の屋敷（マナーハウス）に併設されていたという事情があった。

猟園にいたシカはグレイハウンドに追われ、弓矢で射られた。棲み処からノロジカなどを追い出す役目を果たしたのはライマーなどの猟犬であった。他に、短脚で体高の低い臭覚ハウンドであるバセット犬などを用いて黄ジカを駆り出し、グレイハウンドの視覚内あるいは弓矢の射程内に追い込むケースもあったようである。鹿の肉はたいへん美味しく、捕獲されると肉パイにされ、ふるまわれたという。

猟園の囲いを作るのに使われたのは楢《なら》の木であったが、強い材質の楢は当時、世界最大の海上戦力を誇ったスペイン無敵艦隊の撃破（一五八八）を皮切りに、大航海に乗り出した新時代の船を作る素材としても用いられた。猟場の整備・拡大につながった森林の伐採は、一方ではイギリスの海外進出を可能にし、計り知れない国益をもたらす基盤づくりにも貢献したのである。

### ▼ウサギ狩りとウサギ追い（ヘア・コーシング）

猟園の外でジェントリーのほとんどが興じたのはウサギ狩りであった。この狩りにはガスコン系統の斑模様の臭覚ハウンドがよく使われた。当時の猟はゆったりとしたペースで展開され、穏やかな馬に乗るか、徒歩で行われることが多かったようである。後の時代にはありふれた光景となる、紳士が借地農民や商人を随えてハウンドの後を馬で追う光景もすでにこの時代には見られたという。シカ狩りに比べると費用のかからないウサギ狩りは紳士や富裕農民にたいへん愛された。

ウサギ狩りにはグレイハウンドも使われた。ふだんは集団で飼育されたが、狩りの際には二頭がペア（グレイハウンドの場合はブレイス〔brace〕）で用いられるのが通常であった。

ビーグル（臭覚ハウンド）という犬の起源は定かでないが、ヘンリー八世の治世（一五〇九―四七）には、ウサギ狩りに用いるビーグルの世話をする飼育係がいたという記録が残っている。エリザベス一世（一五三三―一六〇三）に好まれたのがきっかけで小型のビーグルがもてはやされた時期もあったが、その人気は長く続かなかった。理由としてはハンティングの技量不足が指摘されている。

この時代、グレイハウンドの視覚を活かしたウサギ追い（ヘア・コーシング）が行われはじめた。ノーフォーク公爵（一五五八―一六〇三）などの愛好家によって定められたルールによれば、ポインター（スペイン継承戦争以後にイギリスにもたらされた種とは異なるポインター）あるいはスパニエルがウサギを発見し、ポイントした後に、それまで紐でつながれていたペアのグレイハウンドが解放されたという。その際には簡単に捕まらないように、ウサギに三五ヤードほど先を走らせた後で二頭のグレイハウンドをスタートさせた。ウサギの死を確認した者が犬からその獲物をとりあげた時点でコーシングは終了する。コーシングのスピード化をはかるため、グレイハウンドは、十字軍により中東からもちこまれたという俊足犬ガゼルハウンドと掛け合わされたりもした。コーシングには、前時代の束縛から解放され、グレイハウンドを所有できた郷士たちも参加した。

## ▼キツネ狩り――害獣退治の域をこえて

中世以来、キツネ狩りには、煙によるいぶり出しを初めとする様々な方法が用いられた。犬のなかでもっとも頻繁に使われたのはテリア（穴居害獣駆除犬）であった。したがってこのスポーツは正確にはキツネ退治と呼ばれるべき内容であったといえる。

だが十六世紀になるとテリアとあわせてグレイハウンドが用いられるケースが以前よりも目立つようになる。（イングランドの北部では視覚獣猟犬のゲイズハウンドが使われた。）ただし、その場合も馬を用いてではなく徒歩で狩りが行われるケースが多かった。当時のキツネ狩りがゆったりとしたペースで行われたことが偲ばれる。

キツネの幼獣狩りも行われた。臭覚ハウンドが親ギツネを巣穴から追い出した後に、小型のキブルハウンド（後の時代〔一八世紀〕に刊行されたトーマス・ビューイック挿絵『四足動物全誌』によれば、それはビーグルとオールド・イングリッシュ・ハウンド〔サザン・ハウンド〕の交雑種であるという。）などのハウンドに幼獣を捕獲させるというパターンの猟であった。

## ▼害獣の駆除に活躍した犬たち

領地内に川をもつジェントルマンたちにとり、釣魚に害を及ぼすやっかいな獣の一つがカワウソであった。カワウソ退治に使われた犬としてはオッターハウンドが良く知られている。王室により雇われたハンドラーが同ハウンドを使ってカワウソをハントしたという。それ以外にも、サザン・ハウンドに遺臭をたどらせ、テリアを使って巣穴から追い出した後、止めをラーチャーに託すという方法があった。ラーチャーとは視覚ハウンド系の犬にワーキング・タイプの犬を掛け合わせて作られた交雑種である。しかしながら、犬がカワウソを仕留めるのは至難の業であり、実際には同獣が水面から顔をだした時をねらって弓矢などで射るというケースが多かったようである。

またテューダー王朝時代の領主の屋敷には、フランスのスタイルを模したフォーマル・ガーデン（整形式庭園）が設けられることが多かったが、悩みの種は庭を荒らす穴居性のウサギ（ラビット）であった。このウサギを退治したのがテリアであった。テリアはウサギの他、より獰猛な害獣にも立ち向かった勇猛果敢な犬である。キーズ博士は次のように当時のテリアを紹介している。

キツネ、アナグマをもっぱら捕らえるもう一つの種はテリアと呼ばれる。その犬は地中に潜り、キツネやアナグマを怯えさせ、噛みつき、ついには歯でずたずたに切り裂き、地の懐に追い詰めることもあれば、害獣の住処である暗い地下牢から引きずり出すこともあるのであった。

（Johannes Caius, *Of English Dogs*, 2005）

## イギリスの毛織物産業をささえた犬

### ▼牧羊犬の活躍

テューダー王朝時代のイギリス経済を潤したのは間違いなく毛織物産業である。そして同産業を根

シェパーズ・ドッグ
トーマス・ビューイック挿絵『四足動物全誌』

底から支えたのが牧羊犬であった。

　一説によれば、イギリスがローマの属領になった古代に牧羊犬は同国にもたらされたということになっている。中世ではチョーサー（一三四三頃—一四〇〇）の『カンタベリ物語』中の「女子修道院付司祭の話」に初期のコリーと思しき「コル」（colle）と称される犬が登場しているが、文献としてはじめて明確に牧羊犬の存在にふれているのは、先に紹介したジョン・キーズ博士の『イングランドの犬について』である。同著では、牧羊犬は「シェパーズ・ドッグ（羊飼いの犬）」という名前で紹介され、狼（十五世紀に絶滅）をもはや追い払う必要がなくなったイギリスの牧羊犬は他国にいる同系統の犬にくらべて小型であるとする興味深い記述が見られる。

　さらに同著には、牧羊犬は笛や声の指示で、羊を飼い主の望む所へ集めることができ、指示通りに、群れを前方、後方に移動させ、ある時は立ち止まらせ、ある時は方向転換させることができる等、この犬特有のハーディング(羊を束ねる)能力についての指摘もなされている。

羊の群れを外敵から護る歴史をもつ牧羊犬は、勇敢さ、決断力、強い警戒心などを祖先犬から受け継いでいた。さらにはどんな地形でも仕事をこなす強靭な足腰、雨風をしのぐしっかりとしたダブル・コート（上毛と下毛から成る二重毛）、そして優れた視力と聴力を持っていた。

このタイプの犬の特徴は、外観上、とくに誇張された部分をもたない点である。また白をふくむ牧羊犬のコートは、狼との視覚的な混同をふせぐための繁殖者の配慮であったとされている。それには夕方でも犬を確認しやすいというメリットもあった。

残念なのは、イギリスに莫大な富をもたらした毛織物産業と深い関わりをもつ牧羊犬について報告する資料がおどろくほど少ない点である。これは、牧羊犬と関わった羊飼いの社会的地位が低く、教育のレベルも高くなかったことと決して無関係ではなかろう。

## 動物いじめと犬たち

ヘンリー七世が即位する一五世紀の終わり頃には、動物いじめは、どの階層からも支持される見世物としてすっかりイギリス社会に定着していた。ありとあらゆる人々がこのスポーツに熱狂した理由としては、それが動物同士の闘いのかたちをとり、どちらの側が勝つかが賭けの対象とされた点があげられよう。

テューダー王朝の動物いじめに関して特筆すべきは、王室の積極的なかかわりであろう。一五二六年にはテムズ河南岸に一〇〇〇席を有する動物いじめの常設小屋がヘンリー八世により建設されている。一五七〇年にも別の常設小屋が新設されていることから、この時代のアニマル・スポーツの人気がどれだけ高かったかがうかがい知れる。

ヘンリー八世の娘であったエリザベス一世もアニマル・スポーツの熱心な奨励者であった。とりわけマスティフには並々ならぬ関心を示し、自ら繁殖も手がけたという。一五五九年の五月二五日にフランス大使をロンドンで接待した折にも、宮廷音楽つきのご馳走でもてなし、イギリスの闘犬が熊や牛と闘う様を大使とともに楽しんだことが報告されている。(Joseph Strutt, *The Sports and Pastimes of the People of England*, 1838)

動物いじめに使われた犬の呼称について面白いのは、牡牛と闘う犬を指す場合にせよ、ブルドッグという呼び名は当時まだ存在しなかった点である。闘犬はマスティフ、アーラント(ボルドー・マスティフの祖先)など、ブルドッグ以外の様々な名前で呼ばれていた。その一つが「バンドッグ」である。十六世紀までには、その闘犬は'Bonddogge'あるいは'Bolddogge'などのように綴られていたようだが、キーズ博士は'Bandogge'の綴りを支持している。

バンドッグについてはエリザベス王朝時代の聖職者ウィリアム・ハリソンが書いた『英国素描』（*Description of England*, 1586）という書物の中にその性格を伝える次のような記述が見られるので紹介したい。

その多くは外で害を及ぼす恐れがあるので、昼間は鎖や紐でしっかりと繋がれている。バンドッグは巨大で、頑固、醜く、激しい性格で、体が重たく、したがって素早い動きはできない。見るからに恐ろしく、アルカディアやコルシカの野良犬よりもしばしば獰猛である。

バンドッグはまたシェークスピアの『ヘンリー六世』の中でも、「フクロウが鳴き、バンドッグが吠え、霊が歩き出し、幽霊が墓から立ち上がる時に」（第二部、第一幕、第四場）という台詞の中で言及されている。

# 3

# 一七世紀

## ——激動の時代

## 内乱の勃発から共和政まで

テューダー王朝のもと、ほとんどの国民は強力なリーダーシップをもつ政府に満足していた。とりわけエリザベス一世はイギリス史上おそらく最も人気のある君主であった。だが彼女の死後、わずか三七年が経過すると、議会は時の王権を制限する動きに乗り出したのであった。

ジェームズ一世とその息子であるチャールズ一世は有力な貴族、ジェントリーたちを自らの陣営に引き入れておくことに長けていなかった。さらには二人とも浪費家であった。常に金銭の工面に苦慮していた王たちは、戦費調達を目的とした課税をはじめとする様々な問題をめぐって議会側と軋轢《あつれき》を繰り返すこととなる。そうした対立がやがて内乱（The Civil Wars）の勃発へとつながってゆく。

内乱は一六四二年から一六四六年の間と一六四八年の二期にわたって繰り広げられた。議会派の指導者として軍隊の指揮にあたり、同陣営に勝利をもたらしたのはオリバー・クロムウェルであった。議会派の勝利を神の導きととらえた指導者たちは、王党派の反乱を根絶すべく、チャールズ一世を裁きの場に送ることを望んだ。果たしてチャールズは有罪の判決を受け、一六四九年に公の場で処刑される。

内乱の時期に崩壊したのは、イングランド国教会の権威によって人民の声を封じるといったそれまでの古いシステムであった。たしかに王に反旗を翻した者にとり、言論の自由は喜ばしいかぎりであった。だが、皆がみなそれを望んだわけではなかった。多くのジェントリーや町を仕切っていた富裕な商人たちの心中は穏やかではなかった。議会派の軍隊のなかでも将校のほとんどはクロムウェルもふくめてジェントルマンたちであった。彼らは既存の階層秩序が覆されるような動きまでは歓迎しなかったのである。

一六四九年に残余議会はイギリスを王のいない共和国に制定する。しかし、自分たちの仲間内で構成される議会を擁して国家の舵取りをしようとする関係者の動きは誰からも支持されなかった。

新たなシステムを求めて六年間悩んだ軍部の指導者たちが白羽の矢を立てたのはまたしてもクロムウェルであった。彼は護国卿として、王なきイギリスを治める役を任せられるのであった。

クロムウェルは類まれな指導力をもった人物であり、多くの者から支持を集めていた。彼はつとめて議会と協調路線をたもち、共和政を維持しつつ、以前のシステムの復活をはかろうとした。だが事は思い通りには進まなかった。クロムウェルはスペインによる中南米支配の転覆をはかるなどの試みも果敢に行ったが、戦費は嵩み、貿易の伸展をさまたげる結果を招いた。一六五八年の九月にクロムウェルが没すると、息子のリチャードが同じ護国卿として国を治めるが、王不在の共和政はうまく機能せず、翌年の一六五九年には退任を余儀なくされる。

## 王政復古

世論が共和政をほとんど支持しない状況を憂慮した議会は一六六〇年、チャールズ一世の王子を新たな王として迎えることを決定する。いわゆる王政復古である。議会の貴族やジェントリーたちと友好関係を保つことによってのみ、成功裡に国事を運営できると察したチャールズ二世は、父親が一六四一年に承認した、国王独裁を抑制する改革法を受け入れた。議会はイングランド国教会を復活させ、ピューリタン（清教徒）の聖職者を免職にした。

チャールズ二世の時代、イギリスは順調な貿易などにより繁栄を享受した。だがチャールズは王位を正当に継ぐ子どもに恵まれなかった。したがって没後の王位は必然的に弟のジェームズが継ぐことになった。問題は宗教に関する事柄であった。ジェームズは敬虔なカトリック教徒であったからである。

それでもジェームズの王位継承（一六八五）にあたり実際にはほとんど問題はみられなかった。だれも内乱の再発を望まなかったし、国民は基本的に王冠に信頼をよせていたのである。

かくてジェームズ二世はカトリックでありながら、しばらくの間は人気を保つことができた。だが、やがて王は軍隊を強化し、カトリック教徒を要職に任命しようと考え、法律改正を議会にせまったのである。さらに王はカトリック教徒が大臣職に就く道も法のもとで開こうともくろんだ。

議会はその要求を拒んだ。するとジェームズは議会を解散し、既存の法律の無効を主張し、カトリック教徒、非国教徒の信教の自由を宣言したのである。さらに王は自らの掲げる改革に反対を唱えるジェントリーたちが治安判事になる道も閉ざしたのであった。

この緊迫した状況のなかで、ジェームズの妻でカトリック教徒のメアリーが男児を出産する。これを機にカトリック支配を案じた七人の貴族たちが一つの行動にでる。彼らはもう一人のメアリー（ジェームズの最初の妻であるアン・ハイドの子）の夫君であるオラニエ公ウィレムにオランダ軍をイギリスに派遣することを要請したのである。

これに応じたウィレムは一六八八年の十一月にイギリスに上陸。するとジェームズの勢力はあえなく崩壊する。王はフランスに亡命するより他に道はなかった。翌年、議会はウィレムとメアリーをジェームズに代わる共同統治者と謳った法律を制定した。かくしてイギリスにおいて、国王にたいする議会の権限はますます強くなっていった。

## 科学の発達

一七世紀のヨーロッパでは、魔法や信心の力を借りてではなく、諸現象をよく観察し、数値化することで、自然界の様々な謎を解き明かそうとする考え方が芽生えた。イギリスにおいてはチャールズ二世が、そうした科学的アプローチに関心を示し、一六六二年に一連の科学者たちが王立協会（The

Royal Society）を創立すると初代会長に就任している。

チャールズによる科学の支持が重要な意味をもったのは、少なくともそれにより、科学者たちがキリスト教会から攻撃される事態は回避できたからである。国王の後ろ盾を得て、この時代、太陽、月をはじめ、天体における諸星の動きに注目したオーラリ伯爵や、人体の血流に関心をもったウィリアム・ハーヴェイなどの科学者が、長らく疑念をさしはさむのがタブーであった創造物の神秘について、権威の呪縛から逃れ、自由に研究を進めることができたのであった。

さらには科学研究の成果を現実に応用しようとする者が現れた。チャールズ国王も海軍、より優れた銃器、航海術への応用に期待をつのらせた。農業への科学知識の応用に関心を示した者も多数いた。彼らの研究成果は次世紀の農業革命の礎となったという点において実に意義深いものがある。また様々なものをより正確に観察し、測定する機器―顕微鏡、望遠鏡、温度計などが発明されたのもこの時代においてであった。

## 王室での愛玩犬ブーム

### ▼小型スパニエルとパグ

ファン・ダイク『チャールズ一世の年長の子どもたち三人』

テューダー王朝までは、王室に関わりのあった犬たちとは、おもに広大な屋敷を護る護衛犬か屋外スポーツのパートナーである狩猟犬をさしたが、ステュアート王朝に入ると、それらとは異なるタイプの犬が以前にもまして宮廷でもてはやされる。王たちの寵愛の的となったのは愛玩犬であった。

ジェームズ一世はイタリアン・グレイハウンドの愛好家であったし、チャールズ一世とチャールズ二世はともに愛玩犬を飼育していた。チャールズ一世お抱えの宮廷画家であるファン・ダイクが描いた『チャールズ一世の年長の子どもたち三人』と題する有名な絵のなかにも小型犬の姿を確認できる。

なかでも注目したいのが小型のスパニ

エルである。この犬は一六六〇年にチャールズ二世がイングランドの王に即位するや、宮廷において確固たる存在価値をもつようになる。王室はイギリス各地に宮殿を構えていたが、この小型スパニエルは、ハンプトン・コートであろうが、ホワイト・ホールであろうが、王が足を運ぶ所ならば、どこでも出入りをゆるされるという破格の待遇を受けた。

当時、日記作家として名を成したサミュエル・ピープス（一六三三―一七〇三）はチャールズ二世の会議室を訪れた際に、王が職務を忘れて犬と戯れる姿を興味深く観察している。チャールズ王の小型犬への思い入れは相当なものであったらしく、自分の犬が姿をくらましたりしようものなら気が気でなく、この時代に印刷技術の改良により現れた新聞に掲示を出してまで見失った愛犬を必死に捜し求めたとピープスは伝えている。

犬博士のキーズは（キング・チャールズ・スパニエルの祖先犬ともいうべき）当時のトイ・スパニエルを次のように観察している。

これらの繊細で、こぎれいで、かわいい犬たちはスパニエル・ジェントルあるいはコンフォターとよばれていた。・・・貴婦人の上品な好みにあった犬で・・・彼女らは時の経つのも忘れて犬たちと戯れたものだった。これらの小型犬は・・・婦人方の胸に抱かれ、彼女らと部屋を共にし、寝場所も同じで、食卓では精のつく肉を与えられ、ある時は膝にのせられ、馬車での移動の際には婦人方の唇に触れることを許されたのであった。（Johannes Caius, *Of English Dogs*,

画家とパグ　（ウィリアム・ホガース画）

2005）

さらに博士は、このスパニエルを抱くと胃の病気が治るという俗説も紹介している。何はともあれ、英王室における愛玩犬飼育ブームは小型のスパニエルから始まったことは確かである。

だがオラニエ公ウィレムがウィリアム三世として一六八九年にイングランドの王に即位すると、それまでのステュアート王家に可愛がられた小型のスパニエルに代わり、別の犬が王室の愛顧を受けることとなる。パグこそその犬であった。

一六世紀にはすでにオランダでの存在が記録されているパグであるが、どのようにしてヨーロッパにもたらされたかについては諸説ある。一五五〇年頃に中国との貿易ルートを開いたポルトガル人によりオランダに紹介されたという歴史家もいれば、オランダ東インド会社の社員によってもたらされたという説もあり、定説はない。

だが、いかなる経路でオランダにやってきたにせよ、オランダ独立戦争の折（一五七二年）に一匹のパグがスペイン軍の接近を知らせたことでウィレム一世の命を救うきっかけを作ってからというもの、同犬がオラニエ家のオフィシャル・ドッグとなったのは事実である。このウィレムの曾孫にあたるウィレム三世もパグを可愛がっており、細君のメアリーとともに共同統治者となるに際しては、たくさんのパグを携えて一六八八年にイギリス海峡を渡ったのであった。当時はオラニエ家とのつながりを示すべく、パグの首輪にはオレンジ色のリボンをつけるのが慣わしであったという。

小型スパニエルにせよ、パグにせよ、それらの愛玩犬は宮廷人の寵愛の的であると同時に富裕なエリート層の理想のペットとして、またステータス・シンボルとして光を放つ存在であった。

## ステュアート王朝にみられる狩猟

### ▼幅広い層が親しんだイギリスのハンティング

親仏家のジェームズ一世（メアリー・クィーン・オブ・スコッツの息子）の即位により、英仏両国のハウンドを介してのつながりはより強固なものとなった。王はフランス系のハウンドを輸入し、さらにはその助言者としてハウンドの専門家もイギリスに招聘したのであった。

だがイギリスの狩猟は、華麗な儀式に則ったフランスのものとも、凄惨な様相を帯びたドイツのものとも異なっていた。スタイルはさておき最も大きな違いはイギリスの狩猟が王侯貴族だけでなく、爵位をもたぬジェントルマンやヨーマン（自営農民）にも開かれていた点である。

例えば一六～一七世紀の詩人であり、馬の繁殖家としても名高いジャーヴァス・マーカムは、ドーセットに住むシャフツベリー伯爵が近隣のヘンリー・ヘイスティングズ氏（ハンチンドン伯爵の次男）について興味深い観察をしている点についてふれている。マーカムによれば、伯爵は自分よりいささか身分の劣るヘイスティングズ氏がシカ、キツネ、野ウサギ、カワウソ、アナグマを狩る獣猟犬をすべて所有しており、さらにはハウンドにとどまらずスパニエル、テリアなども飼育していている事実に驚嘆しているというのである。（Gervase Markham, *Country Contentments*, 1615）これなどは当時、とびきり位の高いとも思えぬスポーツマンが多様な狩猟に興じていたことを裏付ける例といえよう。

### ▼シカ、ウサギ、キツネを対象とした獣猟

赤ジカと黄ジカは、前時代と同じく猟園にみられる獲物であったが、この時代にはそれ以外の場所で発見されることも多くなる。内乱で猟園のフェンスが破壊されたことが大きな理由であった。フェ

ンスの素材である樹木は議会派の貴重な収入源であった。

ウサギ狩りは『ザ・マスター・オブ・ゲーム』が書かれて以来、紳士の主要なスポーツの一つとなったことに相違はなかった。このスポーツのために、荷かごに入れて運べるサイズのビーグル（ポケット・ビーグル）がイギリスの各地で繁殖された。この種のビーグルは狩猟の伴兼ペットという二つの役割をもっていた。ペットとしてはとくに貴婦人の愛玩の対象とされたという。

野ウサギには、ゆっくりと追いかけると自分のテリトリーに円を描いてもどってくるという習性がある。したがってこの習性をうまく用いれば必ずしも馬に乗らなくても猟することができた。また地面に残された野ウサギの臭いを追うには足の短い犬のほうが都合がよかったのはいうまでもない。

この小型猟犬の働く姿は見ていて実に楽しいものであった。小型のビーグルの他にも、様々なサイズのビーグルが存在していた。だが後の時代に見られるような、均一的なビーグルを作出する動きはこの時代にはまだ見られなかった。

キツネ狩りは地方の郷士やヨーマン（自営農民）のための非公開のスポーツであり、長らく貴族からはいささか威厳にかけると見下されていた。背景には狩りの時期も変則的であり、貴族の慣例行事に組み入れるのが難しかったという事情もあったようだ。

一七世紀のキツネ狩りは旧式な方法で行われる場合も多かった。それは、夜行性のキツネが夜間徘徊の際にあちこちに残した遺臭をたどり、巣穴を見つけることから始まる。これには臭覚ハウンドが用いられた。次にテリアを使ってキツネを巣穴から追い出す作業が続く。最後に地上に姿を現したところを網で捕獲するか、頭を叩いて気絶させるなどという方法が採られた。

この狩りは、キツネの動きが緩慢で遺臭を追いやすい夜明け前にスタートした。それは、後に見られるハンティングのように、馬でキツネを追いかけるようなスピード感あふれるスタイルとはかけ離れていた。

だが一七世紀も後半に入るとキツネ狩りは王侯貴族の関心の的となる。この頃から、第二代バッキンガム公、ヨーク公（後のジェームズ二世）などが赤いコートを颯爽とまとい、トーリー党の仲間たちとキツネ狩りに出かけるようになる。背景としてはバックハウンド（スタグハウンドより小型の狩猟犬）の子孫犬が森林伐採すなわち生息地の減少に伴なうシカ不足のために、ターゲットをキツネに変えざるをえなかったという現実的な問題があったのは確かである。

## 銃猟時代の到来

### ▼大陸スタイルの模倣

この時代に画期的なのはイギリスでも銃猟（シューティング）が行われはじめたという事実であろう。とりわけ郷士たちがこの新しい猟に夢中になった。

銃猟の後進国であったイギリスでは、一七世紀の段階では、銃の製造については大陸のモデルをコピーするのが精一杯で、猟も見様見まねであった。王党派でフランスに亡命した者のなかには同国で飛ぶ鳥を射撃する光景を目の当たりにし、すっかり魅了された者もいたようであるが、イギリスではそのような大陸の射撃法が試みられるのはまだ先の話である。一七世紀初期の銃猟とは基本的には地面に足をつけた鳥を撃つことであった。

初期の銃猟に同伴したのはいわゆる回収犬（訓練されたスパニエル）であった。この犬は、シューターが発砲するまで、影で鳥に気づかれないように、また足元から遠く離れないように、よく訓練されていた。銃猟犬にはハウンドには期待すべくもない自制心が猟において求められたのである。

当時の銃は性能もさほど良くなかった。ということはなるべく命中率の高いゲームが必然的にターゲットとされた。キジ、ヤマウズラ、ヤマシギなどの猟鳥はジェントルマンだけに許されたゲームで、密猟の対象、害獣の餌食にならないようゲーム・キーパーたちにより保護されていた。さらにはウィリアムとメアリーの時代に制定された第二次ゲーム・ロー（狩猟法）に基づき、ライチョウや黒ライチョウなども保護リストに加えられ、鳥たちの生息を護るために小低木のヘザーを焼き払うことが禁止される。これは、牧羊地をふやそうとする農場主、羊飼いの思惑と対立する結果を招いたが、法律に従わない者には厳罰が科された。

時の流れとともに銃猟は人気を増し、道具となる銃器そのものも改良されていった。だが一七世紀には、射撃のみではなく、人の手で飼育された鳥を網で捕らえるスポーツも銃猟と並存した。ここで活躍したのがポインティング・ドッグやセッティング・ドッグであった。犬たちは、男が二人がかりで網をかぶせるまで、飛び立たないように鳥を静止する役目をおわされた。（一七世紀に先駆けて、すでに一五五五年には、ノーサンバランド公爵のロバート・ダドリーが網猟用のセッティング・ドッグを作出していたと伝えられている。）その他には、ウズラ、シャコなどのひなの群れを犬を使って網に追い込む猟法もあった。

## 一七世紀のスペクテイター・スポーツ

前世紀と同様、一七世紀にも動物が登場する様々な見世物が盛んにおこなわれた。犬が関わった熊掛け、牛掛けという代表的な二つのスポーツをふりかえってみたい。

### ▼熊掛けと賭博

エリザベス一世の時代と同じく、ジェームズ一世の時代にもテムズ河の南岸にたくさんのベア・

ガーデンが建設された。施設の中心部にはピットがあり、それを囲むように見物客用のスタンドがあった。ふだん動物たちをスタンドの下で飼育するベア・ガーデンもあったという。

さすがにオリバー・クロムウェルが実権を握っていた共和政の時代に限っていえば、ピューリタン（清教徒）の指導者たちは動物同士の闘いを野蛮な行為として禁止したが、王政が復活すると、アニマル・スポーツは以前にもまして歓迎された。

熊と闘う犬としてはマスティフが選ばれた。二頭の犬を熊にけしかけるのが通常であった。闘いの際に熊の喉元にスパイクのついたカラーが装着されることもあったが、それは貴重な熊になるべく多くの闘いに出てもらうための配慮であった。また熊に口輪がはめられるケースもあったが、それは犬の命を護るためであった。

このスポーツの人気に拍車をかけたのはイギリス人が大好きな賭博であった。果たして、犬が熊の喉元をとらえられるか、またどのくらい長い時間、とらえたままでいられるかをめぐって見物客は金銭を賭けたのである。そのために過去の戦歴を載せたベッティング・シートなども作成されたというから、当時の関係者の熱の入れようは相当なものであったと想像される。

## ▼牛掛け——パターナリズム、マスティフ・タイプからブルドッグへ

一七世紀も牛掛けは盛んに行われた。ステュアート王朝の君主たちもエリザベス女王と同様、牛掛けの見物をもって来賓をもてなしたと伝えられている。

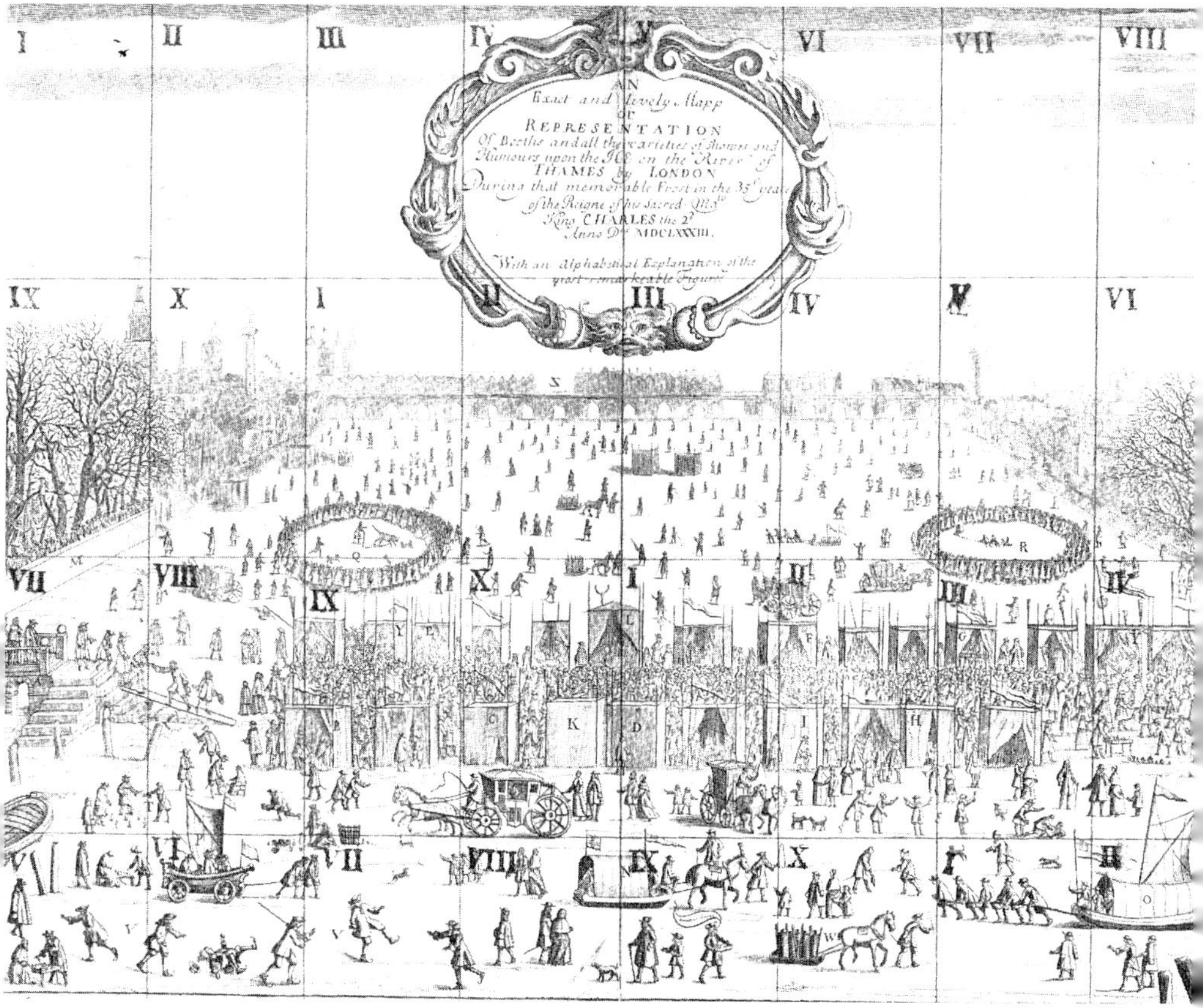


凍ったテムズ河上での見世物（左上が牛掛け）

当時この見世物にはいくつかの異なるルールが存在した。通常の闘いでは、一頭の犬が一頭の牡牛と対決した。この場合、最初の犬の勝敗が明らかになってからはじめて別の犬に運を試す機会が与えられた。他に二、三頭の犬が同時に一頭の牛に襲い掛かるというケースもあったが、その際には牛の勝つチャンスが大幅に減ったのは当然であった。

この時代の牛掛けに関して注目したいのは、同イベントを後援する側のパターナリズム（家父長的態度）である。それは庶民の悲惨な生活の実態をふまえ、彼らに息抜きの場を与えようとする富裕者層の配慮であった。パターナリズムの例としては、バークシャーはワーキンガムの名士であったジョージ・スタバートンなる人物を紹介したい。彼は一六六一年五月一五日付の遺言書の中で、ミドルセックス州のステインズにある所有地から得られる賃貸料を牛掛け用牡牛の購入費に毎年充てるようにと指示している。この後援者はまた見世物を通して集められた収益を貧しい児童の靴や靴下を買う費用にするようにとも命じている。犬と闘った牛の肉は貧しい庶民に配られたという。(Dieter Fleig, *History of Fighting Dogs*, 1996)

闘牛犬がマスティフの見かけを離れて、ブルドッグに近いかたちに変えられていったのも一七世紀においてのことと思われる。よく引き合いに出されるのが、プレストウィック・イートンという名のスペイン在住のイギリス人が、ロンドンに住んでいたジョージ・ウィリンガムという友人に一六三一年に宛てた書簡である。そこには、よいマスティフ、一ケースの酒（リカー）を自分のもとに送り、さらには二頭の良いブルドッグもできたら探してほしいとの依頼が記されている。ブルドッグの研究者たちも、同書簡を闘犬がマスティフとブルドッグの二つのタイプに分化した事実を伝える貴重な文献であるとする見方を示している。(Joan McDonald Brearley, *The Book of the Bulldog*, 1964)

闘牛専用の犬としては、軽量のテリア・タイプでも、大型のマスティフでもない、その中間サイズの犬が作られていった。牡牛の鼻にくらいついた後に振りほどかれないためには、ある程度の体重は必要であった。鼻にくらいつき続けることで牛を疲れさせ、勝利をよびこむことが期待できたからである。だが牛掛けにはブル・ランニング(牛追い)に必要とされるような脚力は不要であった。求められたのは、足は長くなくてよいが、俊敏で、頑健な犬であった。

作出にあたっては、マスティフ、バンドッグという同系統の犬とそれ以外の犬との異種交配が盛んに行われ、徐々にブルドッグの特色が出されていった。繁殖が行われたおもな町はロンドンや、バーミンガム、シェフィールドなどであった。

前時代と同様、牛掛けは賭博の対象であった。裕福な者にとり賭けは余暇の娯楽にすぎなかったが、貧しい者にとっては一攫千金のチャンスであった。そのような勝負へのこだわりが、闘牛専用犬作出につながったのは当然の帰結と考えられよう。

このように盛んに行われた牛掛けであったが、チャールズ二世が世を去る一七世紀の後半あたりから、その人気に陰りが見え始める。物心両面から同スポーツを支えてきた王室が、それまでとは異なる姿勢を示し始めたのである。中でも注目したいのはアン女王(在位一七〇二―一四)が即位に先立ち、動物いじめの禁止を訴える文書に署名をしているという事実である。

王室のみならず貴族をはじめとする支配層の共感も次第に薄れていった。彼らはあからさまに牛掛けを非難しなかったにせよ、黙認という態度をとり、同スポーツに一定の距離を置くようになっていく。だが、牛掛けは貧困階層の間では依然として絶大な支持を受け続け、それ以外の庶民もあいかわらずそれを娯楽の一部と見なしていた。

# 4

# 一八世紀からヴィクトリア時代まで

## 二つの革命

一八世紀はイギリスが貿易によって巨万の富を得た時代である。一七五〇年の時点において商人たちは大英帝国に在住する一四〇〇万人を対象に自由に商取引を行うことができた。イギリスは世界貿易の分野で主導的な役割を果たした国であり、その中心であるロンドンはヨーロッパ最大かつ世界で最も裕福な都市であった。

イギリスに大繁栄をもたらしたのは国内産業であった。この時代に急速な伸びをみせたのが石炭産業である。当時、イギリスは世界で唯一の重要な石炭産出国であり、年間一〇〇万トン近くをヨーロッパ大陸に輸出していた。

石炭産業が伸びた背景にはイギリス国内での需要の高まりがあった。一七五〇年以降は人口の増加にともない、室内の暖房にも石炭がそれまで以上にたくさん使用された。さらには、製鉄産業が石炭を燃料として用いたことも大きかった。後に開通する鉄道についても機関車を動かす燃料として石炭が使用されたのはいうまでもない。

毛織物産業と木綿産業は前時代よりもさらに重要性を増していった。この二つの産業をさらに発展させた背景には紡績機の発明があった。これによりウールやコットンの大量生産が可能となった。大型の機械を作動するには水車や蒸気の力が必要であったので必然的に激しい流れをもつ河川、石炭の採掘場の近くに工場が建てられることとなる。かくして世界で初めての産業革命がイギリスで産声を上げたのであった。

産業の発展とあわせて画期的な出来事として注目したいのが、生産物などを運搬する手段として発達した水上交通である。一八世紀の後半には運河が作られはじめた。運河の開通により、それまで馬に頼っていた羊毛、石炭、鉄、石などが船によって運搬できるようになった。水上交通の発達により、以前は手が届かなかった嗜好品、贅沢品も手に入るようになった。馬車の行き来をなくしてしまうという理由で、運河の建設に反対する地主もいたが、生産物を市場に運ぶ手段のなかった人たちに運河がもたらす恩恵は計り知れないものがあった。かくして一七九〇年までにブリストル、リバプール、ハル、ロンドンの四つの主要都市を結ぶネットワークができ、次の一〇年間でさらに五〇の運河が新設された。

農業の分野にも一大革命が起こっていた。背景としては人口の急増があり、国民に十分な食料を供給する必要が生まれたのだ。農作物の生産高を増やすために、従来の農法の見直しが図られ、農地所有者はそれまでの細長い土地をあわせて、より大きな単位にまとめあげるという動きに乗り出す。

そのようにしてまとめられた土地が囲い込まれると、農場主たちはそこで新たな農法を試みた。その一つがノーフォーク農法（農作物を大麦・クローバー・小麦・カブの順序で栽培するローテーション農法のこと。これにより牧草栽培と併せた家畜の飼育が可能になった。）である。タウンゼンド子爵などが採用し、穀物さらには肉の生産高を増やすことに成功した。

以上の農業革命はカントリー・サイドで行われるスポーツにも直接的な影響を及ぼした。穀物が多大な利益をもたらす事実が判明すると、ますます多くの土地が生垣によって囲い込まれることとなった。一六九六年から一七九五年の間に二〇〇万エーカーの荒地、森林、共有地が囲いこまれたといわれる。結果として狩猟の舞台となる土地がそれだけ拡大したわけである。

囲い込み運動はまた新たな家畜経済の発展によっても加速化された。背景にはストック・ブリーディングの先駆者であるロバート・ベイクウェル（一七二五―一七九五）などによる改良羊の作出があった。以前は、羊は性別に関係なく同じ敷地で飼育され、繁殖の方法もランダムであったが、ベイクウェルは牡と牝を分け、選ばれた種にこだわったブリーディングを実践した。望ましい特性を求める繁殖にこだわったベイクウェルは意図的な近親繁殖を行い、ニュー・レスター・シープなどの新たな改良種を作り出していった。ベイクウェルの他にも、コリング兄弟などがダラム・ショートホーン牛などを同じ方法で作り出している。そのような選択交配の技術はやがて、羊、牛などの家畜の域をこえて、犬をふくむ他の動物にも応用されることとなる。

一方では囲い込みの恩恵を受けない者もたくさんいた。だが彼らの悲惨な状況は村落の繁栄によって幾分かは緩和されていた。その繁栄をもたらした最大の産業こそ手工業を中心とするコテッジ産業であった。状況に変化が生じたのは十八世紀も第一四半期に入ってからのこと。機械が職人たちの仕事を奪い始めたのである。変化は漸進的なものであったが、次第にその波は大きくなっていった。そしてジョージ四世が生涯を送った時代（一七六二―一八三〇）には、イギリスはすっかり工業国へと変身していたのであった。

この時代、大土地所有者や貿易で財を成した者はますます豊かになっていった。後者はしばらくすると田舎に居をかまえるカントリー・ジェントルマンとなってゆく。だが一方で貧しき者はますます貧しくなっていった。囲い込みにより職を失った農場労働者や機械化の波で衰退したコテッジ産業にもはや携われなくなった職人たちは田舎を離れ、地方都市に移住した。彼らはそこで工場労働者としての新たな歩みを始めることとなる。

## フィールド・スポーツの世界――ハンティングの近代化

### ▼キツネ狩り愛好家層の拡大

キツネ狩りを楽しむ層は一八世紀の前半あたりから徐々に拡大していく。一つには商業貿易で成功した新興富裕層が上流階級との接近を求めて、自分たちの手本となるジェントルマンの趣味・娯楽をたしなもうとした結果であるといえる。もう一つの理由としては、それまで消極的であった貴族たちもキツネ狩りを始めたという事実を挙げることができる。森林の伐採によりシカの数が減少したこともあり、ラットランド公爵、ロッキンガム侯爵などの貴族が一八世紀の中頃に鞍替えしている。他には、それまでウサギ狩りをしていた者がキツネ狩りに転向したケースも見られた。

## ▼フォックスハウンドの改良家たち――メイネルとベックフォード

ハノーヴァー王朝（一七一四―一九〇一）の時代について特筆すべきは、いわゆる近代的なフォックス・ハンティングの誕生である。

新しいスタイルを確立したのは、ヒューゴー・メイネルとピーター・ベックフォードという二人の郷士であった。

レスターにあるクォーンドン・ホールの領主であったメイネルは先に紹介した、巣穴の周辺で多くの時間を費やすというそれまでの狩猟法とは異なる新しいスタイルを考案した。大きな違いは、朝の遅い時間帯に狩りがスタートし、巣穴から出て走り回る元気なキツネを追いかけて捕らえるという点であった。メイネルはこの目的に沿った新しいフォックスハウンドの作出に着手する。かくしてリンカンシャーの広大な未耕地が主な猟地であったブロックルスビー、同じリンカンシャーでも耕地、草原を活動の拠点としたバートンなどの狩猟集団のハウンドがメイネルのハウンド（クォーン）と掛け合わされ、時の最速輸送手段であった乗合馬車を追い抜くほどのスピードをもつ俊足ハウンドが作ら

18世紀のフォックスハウンド（ジョージ・スタッブズ画）

れていく。作出にともない、ハウンドの近くを馬がギャロップするという、いわゆるレスターシャー・スタイルのハンティングも確立されていった。

メイネルはフォックスハウンドを作出する技術において高く評価された人物だが、同時に対人間のコミュニケーションもうまくはかれる人物であった。以前の狩猟家たちはハンティングの付帯状況についてはいたって無関心であった。たとえばスチュアート王朝の君主のなかには、臣下である貴族があやつる猟犬の活動範囲を限定することなく、田園地帯全域を独占しようとした王もいた。かくして通常二〇頭から三〇頭のハウンドからなるパックを随えたハンツマンが馬にまたがり、農地をふくむフィールドを疾走したのであった。フェンスが壊されるのはいつものことであったが、それらが修理されることなどは考えられなかった。だがメイネルは狩猟にあたり農民たちへの気配りを忘れなかった。猟に先立ち、農場のゲートを閉めさせただけでなく、壊れたフェンスの修繕も怠らなかった。

フォックスハウンドの改良にあたったもう一人の人物はピーター・ベックフォードである。彼は一八世紀後半の典型的な有産郷士であった。ジャマイカの砂糖で財を成した商人を父親にもつベックフォードはウェストミンスターとオックスフォードで学び、グランド・ツアー（当時の上流階級の子弟が教育の仕上げとして参加したヨーロッパ大陸周遊旅行）も経験した教養人でもあった。

教養人にふさわしくベックフォードは一八世紀後半のフォックス・ハンティングに関する影響力のある論考『狩猟考』（*Thoughts on Hunting*, 1781）を世に問うている。同著のなかでベックフォードは、ハウンドの理想的体型として、まっすぐに伸びた前足、広くて深い胸、すっきりとした首、小さめの頭部をあげている。さらにはパックを構成する犬たちのサイズは中くらいでほぼ均一であるべきだと主張する。彼によれば、一〇マイルの距離にわたる狩りを続けるのに大切なのは一定のペースで、そのペースを作り出すのに欠かせないのが均一な犬のサイズだというのである。その上でベックフォードは空飛ぶロケットのような脚力をもつフォックスハウンドの作出にこだわったのである。この目的を実現するために彼はハウンド以外の犬種との交雑も辞さなかった。彼が新たなフォックスハウンドに期待したのは、長い時間をかけて追跡を楽しむスタイルでなく、短い時間でキツネに追いつき、シャープに止めをさすスタイルであった。この種のスピード感にあふれる狩りに魅せられて、ウサギからキツネに狩りの対象を変えた者もいた。

一九世紀に入っても、フォックス・ハンティングの本質はほとんど変わらなかった。つまりは一七六〇年から一七八〇年の間にレスターで開発されたスタイルにのっとり、朝の一一時過ぎに巣穴から追い出され野原を走り回るキツネを追いかけ、捕獲し、殺めるというパターンの狩りが展開された。

### ▼ウサギを捕獲対象としたフィールド・スポーツ

この時代に、ウサギ狩りに用いる新たなハウンドの作出に着手した人物がいた。ウォーリックシャーの郷士であり詩人であったウィリアム・サマーヴィル（一六七五―一七四二）である。彼のハウンドは重量感があり臭覚の鋭いサザン・ハウンドに小型のハリアーを掛け合わせて作られたビーグルである。交雑はギャロップや跳躍を含む、より精力的なウサギ狩りを求めた結果であった。

この時代、ウサギ狩り用の新しいハウンドの作出に用いられた種としてはその他に、サザン・ハウンドの長所を多分に引き継いだリングウッドなどがあった。このハウンドは臭いを辿ることに長け、獲物であるウサギの臭いを確認できた時にはじめて舌を出す（＝太い吠え声を発する）ハウンドであった。先にみた新種のフォックスハウンドと同様、リングウッドは捕獲したウサギに止めをさすタイプのハウンドであった。このようにして新しいタイプのビーグルが作られていったが、それらは徒歩による猟に限定されることなく、馬でウサギを追う場合にも用いられた。

また、この時代のウサギ狩りに用いられたハウンドに前頁でふれたハリアーがあった。この犬の起源については諸説ある。ノーザン・ビーグルとサザン・ハウンドの交雑をふくむ、様々な種類の犬の血を導入して作出されたとする説もあれば、一七八九年のフランス革命勃発時に狩猟という王侯的趣味への反発を逃れてイギリスに持ち込まれた猟犬（グラン・シャン・ブラン・ド・ロワ）とフォックスハウンドとの交雑により生み出された犬が基礎を成しているという説もある。また起源はさらに古く、名前は万能なノン・スペシャリスト犬をさすアングロ・ノルマン語に由来するという説もある。このように起源についての定説はないが、ハリアーが鋭い嗅覚をもち、ウサギ狩りにもキツネ狩りにも対応できる万能なハウンドであるという点については専門家の見解は一致している。

近代的フォックス・ハンティングの誕生とほぼ時を同じくして、グレイハウンドのマッチ・コーシングが組織されはじめ、田舎に住む多くのジェントルマンたちが熱中した。主導的な役割を果たしたのがロバート・ウォルポール（初代責任内閣首相）の孫でもあったオーフォード伯爵（一七三〇―九一）である。彼が一七七六年に立ち上げたスワフハム・コーシング・ソサエティーの初期のメンバーは二五人に限定され、いずれも大土地所有者であった。マッチ・コーシングは賭けの対象となり、優秀犬所有者には賞も与えられた。

一時は一〇〇頭を収容する犬舎をもっていたオーフォード伯は、多方面の関係者に意見を求め、最新科学の成果を導入して、スピードとスタミナを兼ね備えた理想的なグレイハウンドの繁殖ならびに

グレイハウンドのコーシング（ウサギ追い）（チャールズ・タウン画）

訓練に情熱を傾注した。オーフォード伯は競争に勝てるグレイハウンドの作出には余念がなく、フォックスハウンドを改良したベックフォードと同様、犬種改良に没頭し、ラーチャー、イタリアン・グレイハウンド、ブルドッグなどとの交雑も辞さなかったという。

一九世紀の初期にコーシングは飛躍的に発展した。名立たるグレイハウンドの血統については、サラブレッドなどの競争馬と同様、入念に管理されることとなった。

産業革命をむかえると田舎に居を移した新興の富裕層は、先住の名望家と親交を深めるべく、自らの地位に相応しい娯楽を探し求めた。この時期にコーシング・クラブのメンバーの数が急増したゆえんである。

## この時代のシューティング

### ▼大陸へのあこがれ

一八世紀以降、穏やかな歩みでありながら、着実にシューティングは進歩していった。ハンティングや競馬に熱中したのがジェントリーであったのに対し、シューティングに興じたのはどちらかといえば商人階層であった。貿易を通して大陸とのつながりが強かった分、同スポーツに親しみを覚えた者も多かったとみえる。

銃器が目に見えて改良されるのは一七八〇年代である。だが銃猟界での意識変化はその前から着実に進行していた。その一因となったのが、当時、良家の子弟が教育の仕上げとして体験したグランド・ツアーであった。大陸のより進んだシューティングの技術、あるいは銃器そのものを目の当たりにした若者たちは、地面に足をつけた鳥ではなく、空を飛ぶ鳥を撃つことに憧れて帰国したのである。そうはいうものの、発砲にいたるまで時間がかかったり、空高く飛ぶ鳥を撃つ技術もすぐには大陸のそれには追いつかず、しばらくの間は低空飛行する鳥を間近で撃つというスタイルが主流であった。一八世紀の後半、キジが身を隠せる急ごしらえの生垣がノーフォークなどを中心にイギリス各地に設けられたというから、この種の猟は人気があったものと察せられる。

より高度な鳥の射撃がイギリスで広まるお膳立てとなったのはブリストルの配管工であったウィリ

フォックス・ハンティング　（トーマス・ブリンクス画）

アム・ワットによる鉛弾の開発（一七八二）、そしてロンドンの銃器製造者であるヘンリー・ノックによる元込め銃（パテント・ブリーチ）の発明（一七八七）である。さらには、銃器の丈が短くなり、軽量化されたことなどにより、ようやくシューティング・フライイングという新しい射撃法習得へのチャレンジが可能になったのであった。

## 銃猟犬のバラエティー

### ▼スパニエル

初期の銃猟にはスパニエルが鳥を飛び立たせる目的で使われた。犬たちはグレイハウンドのように組単位で数えられるのがふつうであった。

スパニエルが空中に飛び立たせた鳥はキジだけではなく、ヤマシギなどもいた。ヤマシギ猟に小型のランド・スパニエルが用いられたのは、鳥のいる茨や小低木の繁みを潜り抜けるには小さい身体のほうが便利だと考えられたからであった。当時の名高い狩猟家、ピーター・ホーカー大佐は、「優秀なスパニエルによるヤマシギ猟は、シューティング界のフォックス・ハンティングである」との味わいのある発言を残している。この小型のスパニエルはウェールズやデボンシャーでよく見かけられた

スパニエルと猟鳥　(ジョン・ウートン画)

という。

繁みには入らないものの、同じように生垣や藪から鳥を「飛び立たせる」（spring）のに活躍した、少しサイズの大きなスパニエルもいた。隠れ処から猟鳥を駆り出すのが得意な犬であった。こちらのタイプのなかで最良の類はサセックス地方に存在した。

地上での猟にランド・スパニエルが用いられたのに対し、カモ猟にはウォーター・スパニエルが用いられた。当時カモは野鳥捕獲者から商業的利益をもたらすと喜ばれた猟鳥であった。

このように猟の異なる場面に応じて、様々なスパニエルが用いられたのは興味深い。だが、ライン・ブリーディング（系統繁殖）が行われたという確たる証拠は少なくとも一八世紀にはなく、今紹介したスパニエルのそれぞれを一つの確立された種とみるのは誤りであるといえよう。

### ▼ポインター

銃猟犬の世界ではスパニエルの他にもやがて新たな種が登場する。一八世紀の初めに大陸で繰り広げられたスペイン継承戦争（一七〇一―一三）から帰還した将校たちがイギリスに持ち帰ったと伝えられるのが大陸のポインターであった。

それらのポインターはやがてイギリスのフォックスハウンドなどとの交雑を経て、新しい環境で活躍できるスタミナをもつイングリッシュ・ポインターへと改良されてゆく。

一八世紀後半から一九世紀前半に活躍した有名な木版画家トーマス・ビューイックの挿絵で有名な

二頭のイングリッシュ・ポインター　(モード・アール画)

『四足動物全誌』（一七九〇）では、イングリッシュ・ポインターのほかにスパニッシュ・ポインターもイギリスに見られるという報告がなされている。物覚えの良さはあるが、持久力や強健さといった点においてはイングリッシュ・ポインターに劣ると指摘されているのがおもしろい。

ポインターの役割とは、鋭い臭覚により浮遊臭を拾い、鳥の在処をつきとめ、その方角に向けて片方の前足をあげ、静止のポーズをとることにあった。このポーズにより、鳥たちは一種の催眠状態に陥った。その間に射撃手は弾を込め、的を絞る余裕を与えられたのであった。お膳立てが整うと、ほとんどの鳥は二頭のポインターごしに撃たれた。

一九世紀に入ると、捕獲鳥の数としてはキジをヤマウズラがはるかに上回っていた。このヤマウズラは十八世紀後半の農業改革を経て数が増えたこともあり、発見するのが比較的易しくなっていた。当時の農場には丈の長い刈り株があったお蔭で、射撃手は犬を同伴して、そうした鳥の隠れ処に歩いて接近することができたのである。秋には、自らの所領内でポインターを随えてヤマウズラを撃つ郷士たちの姿がよく見かけられたという。ヤマウズラは空高く飛べない鳥であった。

### ▼セター

ポインターとあわせて重要視された犬がセター（セッティング・ドッグ）であった。セターはその名のごとく、鳥を発見するとその場で居場所に前足をむけて屈みこむ姿勢をとることで、射撃手に鳥の在処を教える犬であった。

イングリッシュ・セター
トーマス・ビューイック挿絵『四足動物全誌』

同じ特性をもつ犬としてすぐに思い浮かぶのが古くから鷹狩りに使われたスパニエルである。スパニエルの語源についてはスペインとのかかわりを指摘する向きが強いが、そうではなくて、「しゃがみこむ」という意味をもつ古フランス語の「エスパニール（espanir）」に由来するという説もある。(Colonel David Hancock, *The Heritage of the Dog*, 1990)

一八世紀の劇作家ジョン・ゲイが書いた『寓話』（*Fables*, 1727）のなかにも、ヤマウズラと対話するセッティング・ドッグが出てくるが、その犬はスパニエルと呼ばれている。

以上は、セターの作出にスプリンギング・スパニエルとは異なるタイプのクラウチング・スパニエルが大いに関与している点を示唆するものである。

事実、セター作出にあたっては、新時代の銃猟で生かせる性能を考慮した上で、スパニエルをベースに、臭覚のすぐれたフォックスハウンドをはじめとする様々な犬が掛け合わされたと伝えられる。やがてスパニエルから分化したそれらの犬たちは時の流れとともに大型化していく。それは銃の改良にともない、より広い猟野で、時にギャロップしながら獲物を捜索できるスピードとスタミナのある犬が求められた結果といえよう。

### ▼レトリーバー

空飛ぶ鳥を撃つシューティング・フライイングという射撃法が試みられるにつれ注目されたのが、撃ち落された獲物を探し、回収する役割を果たすレトリーバーであった。この回収犬は当時イギリスの遠洋漁場であったカナダのニューファンドランドからもたらされた猟犬であった。この時代のレトリーバーは、カーリーコーテッド・レトリーバーやフラットコーテッド・レトリーバーなどの種が確立される以前の、いわば発展段階にあったレトリーバーであった。カナダから輸入された犬たちはイギリスの有閑階級によりしっかりと保護され、各々の目的に合わせた繁殖が行われたという。

この時代、水上にいる、羽が生え揃う前の若いマガモを射撃するフラッパー・シューティングと呼ばれる水禽猟が行われたが、このスポーツにもレトリーバーが用いられた。水中での回収作業までは期待されていなかったイギリスのポインターやセターに水禽猟は望むべくもないことであった。それは正にレトリーバーの独壇場であったのである。

# アニマル・スポーツの多様化

産業革命が始まった十八世紀の後半には職を失った農業労働者が地方都市に移住し、そこで工業労働者としての新たな歩みをはじめた点については既にふれたが、新環境での生活も依然、悲惨なものであった。そこで彼らは日頃の過酷な労働の憂さをはらすべく、ますますブラッド・スポーツに没頭する。賭けの対象であった動物同士の闘いに以前と同様、ビジネス・チャンスを求め、一攫千金の夢を実現しようとした者もたくさん現れた。

以下、ヴィクトリア時代に向けて多様化したアニマル・スポーツの実態をふりかえってみたい。

## ▼牛掛け

牛掛けは文字通り牛をいじめるスポーツである。だが牛をいじめる側のブルドッグも闘いにおいて多大なダメージを受けたのは事実である。一八世紀の牛掛けに自分の犬を参加させたなかには、前世紀にもましてこのスポーツに商業的利益を求めた者たちがいた。その結果、同スポーツが残虐化するという悲惨な事態も生まれることとなった。

例えば、牛掛けを通して闘牛犬の優秀性を観衆に誇示したうえで、その仔犬を販売しようとするオーナーが現れた。なかには牛の鼻面を捕らえた犬にナイフで切り傷を負わせ、苦痛のさなかにあってもグリップを離さない不屈の闘争心を証明しようとする飼い主もいた。彼らはそのようなパフォーマンスの後に、目の前で牛と闘った犬の血を直接、受け継いだ仔犬たちを高値で売ろうとしたのである。（Robert Jenkins, Ken Mollett, *The Story of the Real Bulldog*, 1997）

激しい闘いを演出するために、犬と対戦する牛も厳選されてゆく。牡牛はただの農場の牛や肉屋の牛ではなく、訓練を受けた攻撃的なタイプである場合もあった。なかには所有者とともにイギリス各地を旅して回った牡牛などもいた。どんな犬の所有者でも五〇ペンスあるいは一シリングを払えば、その様な訓練を積んだ特別限定の牛と闘うチャンスを与えられたのである。（Dieter Fleig, *History of Fighting Dogs*, 1996）この手の牡牛は普段からブルドッグと闘う訓練を積んでいたために、犬の動きをよく心得ていた。犬の所有者のなかには、それらの牡牛とまともな闘いを演じられる犬を作出しようという意識が芽生えていく。このようにして犬と牛との対決は当時の見物客にはますます見ごたえのあるものとなっていった。

### ▼テリアを用いた新しいスポーツの出現

テリアに関する古い時代のブリーディングについてはほとんど記録が残っていない。だが、個として確立された種は一九世紀までは数種を除いて殆んど存在していなかったといえる。強いて言えば長足のテリアと短足のテリアというふうに大雑把に分けられていた程度である。

ネズミ殺しのビリー

テリアのバラエティーは豊富であった。その理由は地域によって異なる事情に合わせて独自のタイプが作られていったからである。だが、その主たる役割は、ほぼ共通しており、農家の悩みの種であった害獣――キツネ、イタチ、アナグマ、ヤマネコなどを捕殺することにあった。小作人は農場の仕事で多忙であったため、テリアはいちいち指示されるまでもなく、独自の判断で働く必要があった。農地を護るという仕事柄、必然的に縄張り意識は強くなったが、テリアが基本的には賢い種であることに間違いはなかった。

かくして長い間、農場で活躍したテリアであったが、伝統産業の衰退などもろもろの理由で農村を追われた主人と一緒に都市に移住する。それらの犬はイングランド北部の製鉄所や炭鉱のある町々において害獣退治に活躍する。農村を離れた新しい環境でもテリアは大変有用であったのだ。その中でも、ブラック・アンド・タン・テリアと当時よばれた種は貧しい労働者のあばら家に巣くうネズミを退治するのに貢献し、「ラッター」として巷に広く知られていた。

やがてこのネズミ退治は一九世紀の前半までに「ラッティング」という娯楽に発展していった。人々は、囲いのなかに放った数十匹のネズミを与えられた時間内にテリアがどれだけ多く殺せるかを、賭けの対象として楽しんだのであった。この時代のラッティングを語る際に欠かせないのが、「ビリー」というテリアにまつわるエピソードである。ビリーは一八二三年四月二二日にネズミ一〇〇匹をどれだけ短時間で殺せるかという課題に挑戦し、なんと五分三十秒の驚異的な記録を打ち立てたのであった。

### ▼犬同士の闘い――ブル・テリアの誕生

ヴィクトリア朝以前のブラッド・スポーツと深くかかわりのあるテリアとしてはブル・テリアをあげることができる。イギリス原産の犬として同テリアは一八世紀の後半に作り出されたと考えられている。起源については定かでない点もあるが、作出にはブルドッグ、ホワイト・イングリッシュ・テリア（絶滅種）、スムース・コートのブラック・アンド・タン・テリアなどが用いられたとされている。ブルドッグとテリアの異種交配の背景には、前者の不屈な粘り強さと後者の機敏性をあわせもった犬を作りたいというプレゼンター側の狙いがあった。

18 世紀のブル・テリア　(トーマス・ゲインズバラ画)

この犬は一七世紀の中頃から民衆娯楽として脚光をあび始めたドッグ・ファイティング（闘犬）に用いられただけでなく、牛やその他の動物との闘いにおいても活躍した。また他のテリアと同様、ネズミ退治や、労働者の気晴らしであったラッティング（ネズミ殺し）などにブル・テリアが使われた記録も残っている。

一八世紀のブル・テリアは現在のブル・テリアと比べると、より足が長く、頭部も初期のブルドッグに似た作りであったことが当時の絵画などからわかる。

## 社会改良運動と動物いじめの禁止

一八世紀以降のアニマル・スポーツは多様化し、伝統的な牛掛け以外にも、ラッティングや、ドッグ・ファイティングが行なわれた点について確認してきた。それらは労働者の娯楽として、また賭けの対象として、彼らの生活において重要な位置を占めていた。

だが一方で、一八世紀の後半あたりから、民衆娯楽に対する人々の考え方に変化が見られるようになる。古来、多くのイギリス人が熱狂したアニマル・スポーツも、啓蒙化された理性の時代にあっては、その残虐性ゆえに前近代的かつ非文明的な娯楽と見なされはじめたのである。それは以前よりも生活にゆとりのできた人々の、動物に対するまなざしが徐々に変化していったことの表れともいえよう。また科学の進歩により、動物が人間にとり必ずしも脅威的な存在ではない事実が判明したことも人々の動物観に変化が生まれた一因と考えられる。

具体的な現れとしては、それまで庶民と一緒に動物いじめを楽しんだ貴族、ジェントリーが以前ほどの関心を示さなくなった点をまず指摘したい。彼らは寛大なる黙認という態度をとりつつ、それらのスポーツに一定の距離を置きはじめたのであった。

さらにアニマル・スポーツを敵視した層として、貿易で成功を収めた商人や近代工業を推し進め、産業革命の担い手となった中産階級を挙げることができる。彼らがアニマル・スポーツに異を唱えた最大の理由は、同スポーツへの庶民の熱狂が怠惰を助長し、勤労意欲を減退させることへの懸念と恐れであった。かくして一八世紀の後半、産業革命による社会変化が起こるなかで、貴重な労働力となるべき者たちが仕事をさぼって娯楽にふけるのは悪徳以外のなにものでもないとする見方が次第に強まっていった。

一九世紀に入ると、アニマル・スポーツへの非難はさらなる高まりを見せた。そして、ついに一八三五年、動物虐待禁止法が制定される。これにより牛掛け、熊掛けなどを公然と行なうことは、もはやできなくなった。

そうはいうもののアニマル・スポーツのなかには取り締まりが難しいものもあった。事実、より狭いスペースで行える闘犬などは、しばらくの間は人目を忍んで行われた。

ビッグ・ベンの最初のテスト（1856）

5

# ヴィクトリア王朝時代

## ——大英帝国の繁栄と参政権の拡大

ヴィクトリア女王の治世は一八三七年から一九〇一年までの、六〇年以上にわたる長い期間である。その間、イギリスは裕福な特権階級が居をかまえる田舎をベースにした社会から、中産階級が活躍する都市を中心とした、新しい秩序に基づく社会へと大変貌を遂げた。

一九世紀の中頃までにイギリスは「世界の工場」と呼ばれるようになる。経済は蒸気によって作動する機械がもたらす大量生産により大きく発展した。汽車や船舶など便利な交通手段が開発されたこともあり、貿易はさらに伸展した。政府もそれまでの関税を撤廃し、自由な貿易を推進したため、製造業者はイギリスの植民地をはじめとする諸外国より安価な原料を仕入れることが可能になった。それはまた、原料輸出国がイギリス製品を購入するという結果にもつながり、貿易はますます盛んになってゆく。一時、イギリスが世界貿易の四分の一を占めるにいたった時期もあった。

一八五一年にはイギリスならびに諸外国の産業の発展を紹介する万国博覧会がロンドンのハイドパークで開催された。全長五六四メートル、幅一二四メートルにも及ぶ鉄とガラスでつくられたクリスタル・パレスと呼ばれる建物では五ヶ月以上にわたる展示会が催され、六〇〇万人以上の来場者があったと伝えられる。それは正にイギリスの繁栄を象徴する出来事であった。

産業革命と大英帝国の発展はイギリスに様々の変化をもたらした。たとえば貿易業者や産業資本家からなる富裕な中産階級がさらなる躍進を遂げたかと思えば、他方では農村を追われた者たちが労働者として密集する大きな都市が出現した。これらの変化を歓迎した者もいれば、変化に不満を表明した者もいた。やがて不満を抱いた者たちは自らの窮状を経営者や政府に訴えるようになる。かくして社会や経済の変化がもたらした新たな状況は政治的な問題として取り上げられるようになっていった。

一八三〇年から一八五〇年にかけてイギリス国民の論議の大きな的となったのは選挙権であった。それまで下院の議席はほとんど富裕な大土地所有者で占められていた。それらの議員が代表していたのは古くからある選挙区であった。これを是正しようという動きは一八世紀の後半からあったが、一八三二年にとうとうその訴えが実を結び、選挙法が改正される。その結果、地主階級（自由土地所有者、地方税納税者など）以外の商工業階級にも参政権が与えられた。また、それまで議席のなかったマンチェスターやバーミンガムの都市に下院の議席が配分されることになった。

この改正により恩恵を受けたのは中産階級だったが、選挙権が与えられなかった労働者たちはあきらかに不満を覚えた。彼らはまもなく議員選出をめぐるシステムの改変を求めるキャンペーンを展開するだけでなく、熟練工の組合であるニューモデル労働組合（New Model Trade Unions）を組織する。そして組合の指導者によるグラッドストーンやディズレイリらの政治家への働きかけが奏功し、一八六七年には第二次選挙法の改正が、さらに一八八四年には第三次の改正が行なわれ、多くの労働者に選挙権が与えられた。一九世紀の終わりには鉄道や港湾で働く未熟練労働者のための組合であるニュー・ユニオンズ（New Unions）が立ち上げられ、この組織の活動が、二〇世紀のはじめ、労働党の結成につながった。

二〇世紀をむかえる頃には君主の権限は以前にくらべると大幅に縮小されていた。上院を仕切り、大臣職を任されていたのは相変わらず大土地所有者であったが、下院では彼らは中産階級と権限を二分した。労働者たちには投票権が与えられ、その立場は組合や労働党により支持されることになったが、女性にはまだ参政権は与えられなかった。

## ヴィクトリア女王と犬たち——女王の果たした役割、広めた犬たち

### ▼家庭犬愛好のモデル

ヴィクトリア女王は無類の犬好きであった。犬の飼育は女王にとり心和む趣味だったのである。ウィンザー城の美しいホーム・パークの真ん中に一八四一年に作られた広大な犬舎では、女王お気に入りの実に様々な種類の犬たちが飼われていた。それらはトイ・スパニエル、スコティッシュ・テリア、スカイ・テリア、ダックスフンド、コリー、パグなどであり、また中には外国から送られた犬た

『現代のウィンザー城』に描かれたヴィクトリア女王とアルバート公
（エドウィン・ヘンリー・ランシア画）

ちもいたという。

注目したいのは、イギリスの君主という地位も手伝って、ヴィクトリアの犬愛好が、国民が模倣する一つのモデルとなったという点である。期せずして彼女はペット愛好家の原型となったのである。ヴィクトリアは自分の犬たちがいかに犬種標準に合致しているかにはさほど関心はなかったが、家族の仲間として犬たちを大いにいつくしんだ。

ここにかつてのステュアート王家の犬愛好との違いがみられる。彼らが犬を寵愛したのは事実であったが、そこにはステータスあるいは忠誠のシンボルとしての意味あいがあり、犬は理想化された存在だった。ヴィクトリアはそのようにではなく、犬をコンパニオンシップの象徴としてとらえたのである。やがて女王と夫君のアルバート公の家族が時代の模範としてイメージされてゆくなかで、犬たちもレスペクタブルな家族の欠くべからざる一員と見なされるようになるのであった。

### ▼動物愛護運動における主導的役割

ヴィクトリア女王は単に動物が好きだったというだけではなく、動物を愛敬した人物でもあった。動物虐待防止協会（一八二四年設立）のパトロンに推挙された女王は、一八四〇年に同協会に「ロイヤル」（王立）のタイトルを与えている。それはイギリスでほんの僅かな人数でスタートした組織であったが、王立となることで、より多くの国民が動物愛護に関心をよせるようになり、愛護運動はイギリス全土へと拡大していった。そして女王のパトロネージを得た協会は、アイルランドの政治家で動物愛護運動家のリチャード・マーティンらの志を受け継ぎ、当時人気のあった闘鶏などの娯楽も動物虐待とみなしはじめるなど、一九世紀の中・後半を中心に動物愛護に関する各種の法律を次々と議会で制定させてゆくのである。

犬の愛好家であった女王の動物虐待防止協会への思い入れは相当なものであったが、自身の犬の扱いにもこだわりがあった。たとえば、いったんこの世に生を受けた犬については、いかなる理由があるにせよ、人の手でその命を奪うことは許さなかったし、各々の子犬が等しい扱いを受けられるように配慮した。断尾、断耳についても反対の意を表し、美容整形を受けた犬との面会は頑なに拒むのが常であった。また自分の犬に口輪をはめさせることは決してしなかった。

このように影響力のある女王が犬の福祉へ並々ならぬ関心を示したことで、犬にたいするイギリス国民のまなざしが変わり、ひいては動物愛護の意識が向上したのは紛れもない事実であった。

## キツネ、ウサギなどを追跡・捕獲の対象としたフィールド・スポーツの世界

時の流れとともに動物愛護運動は着実に進展していった。だが愛護の実態は階級により異なるものがあった。それが証拠にキツネ狩りをはじめとするフィールド・スポーツは公然と行なわれ続けたの

駅に近い厩舎で
ボーフォート編『ハンティング』(バドミントン・ライブラリー)

であった。

フォックス・ハンティングのスタイル自体は前時代とほぼ変わらなかったが、鉄道の発達、社会の産業化などに伴い、キツネ狩りが展開されるカントリー・サイドの状況は大きく変化した。

鉄道の開通(一八三〇)により田舎に容易に出向くことができるようになったお陰で増えたのはキツネ狩り愛好家の数であった。同輸送機関の出現によりハンティングのスタイルが統一されることはなかったが、新しい顔ぶれが仲間に加わり、パックが賑やかになったのは確かであった。

また駅の近くに厩舎を作り、馬の預かり料で生計を立てる者も現れた。お陰で、ふだんは田舎に住めない商人や産業界に身をおく者たちも、そのような施設に自分の馬を預け、気軽にフォックス・ハンティングに参加できるようになった。

愛好家人口が増えた一方で、悩みの種も増えた。負傷するハウンドの数は増えたし、農場のフェンスも壊された。ゲートが開け放しにされ、畑は荒らされた。

工場や炭鉱の建設は益にも害にもなった。それらは莫大な富を特定の地主たちにもたらした。お陰で、地主たちはその金を惜しみなくハンティングに注ぐことができた。一方でそれらの開発が狩猟環境をいちじるしく破壊したのも事実である。炭鉱夫、工手などの労働者が徒歩で狩りに参加するケースもあったが、なにせ、その数はあまりにも多すぎた。

だがフォックス・ハンティングの最大ともいえる敵は、次第にその数を増やしつつあった人工繁殖されたキジだった。郷士たちのなかには繁殖者の狡猾な遣り口に気づいていない者もいた。管理人（キーパー）に頼んでこっそりと小ギツネを殺めさせる者もいたのだ。だが、なかには人気のあるキツネ狩りとキジ猟をうまく共存させるべく、知って知らぬふりをする郷士たちもいた。彼らは地元から離れた場所でハンティングを楽しんだのであった。

フォックス・ハンティングが盛んに行われた地域では、ハウンドを使ったウサギ狩りは、あまり見られなかった。それらの地域での、とくにハリアーなどの猟犬を使って行うウサギ狩りには貧しい者の狩猟といったイメージがつきまとったのは事実であった。

富裕農民の多くはグレイハウンドを所有し、マッチ・コーシングに参加していた。ヴィクトリア王朝時代に入るとコーシングはさらに発展し、一八三六年にはウィリアム・リン氏（リバプールのウォータールー・ホテルの支配人）がモリノー卿の援助を受けて、コーシング界のダービーとも称されるウォータールー・カップを立ち上げている。一八五八年にはナショナル・コーシング・クラブが設立され、ともすれば混乱を招きがちであった複雑なルールが整序された。

フォックス・ハンターたちがグレイハウンドを所有せず、コーシングの愛好家がハンティングに興味を示さなかった点は興味深い。両者はほぼ同じ階層に属していながら異なる趣味を選んだのである。この時代、野生のシカ狩りが行われる場合に使用されるハウンドはもっぱらイングリッシュ・スタグハウンドであった。だが、この種の狩りに関心をよせるジェントルマンの数は少なかった。

## 進歩するシューティング——銃器の改良、射撃術の向上、使用犬の変化

一九世紀のはじめ、鳥はほとんどの場合、二頭のポインターを随えたシューターによって撃たれたものであった。猟鳥としては、とくにヤマウズラの人気が高かった。だが同世紀の後半になると、シューティングのスタイルも変わり、空高く飛ぶ鳥を撃つ猟が主流となる。

このモダン・シューティングを可能にしたのは銃世界にみられた漸進的な革命であった。一八五〇年にフランスで発明された後装銃（ブリーチ・ローダー）は二年後にはロンドンで紹介された。射撃手の腕も着実に上がった。しかるべき場所に固定された銃から発砲する射撃法は一八四〇年頃から見られた。さらには一八六〇年代までには空高く速く飛ぶ鳥を狙うフライイング・ウェルという手法が現実のものとなっていた。

これらの射撃法がもたらす結果に対しては賛否両論、様々な意見が寄せられた。シューティングの質が向上した証左としての大猟を歓迎する地主がいれば、チップを目当てに大収穫を望む狩猟番人もいた。他方では鳥の隠れ処への再訪を望み、少ないチップであっても銃猟の頻繁な機会を求めた者もいた。

スポーツマンの間では猟鳥の人工飼育が流行った。それは一九世紀の中ごろに各地に広まり、一八八〇年までには、まじめにシューティングをとらえる者が住む地域ではごく当たり前の飼育法となってゆく。人工孵化器が使用される場合もあった。昔ながらの猟を追求したスポーツマンたちは鳥の人工飼育を軽蔑のまなざしでみたが、新しい方法で育てられた鳥を空中の高いポイントで撃つ難しさを楽しむ者もたくさんいた。

カモ猟（ダック・シューティング）もジェントルマンの関心を集めた。これにはおとなしいウォーター・スパニエルや水中作業を厭わないニューファンドランドが使われた。長らくこの猟には飼いならされた、おとりのカモを使って野生のカモをパイプに誘導させるヨーロッパ大陸の方法が採用され、犬がその補助的な役割を果たしていた。だが次第に弾込めの時間を短縮する起爆銃（デトネーター）が使用されるようになると、犬に期待されるのは、もっぱら水に落ちたカモを回収する役目となった。

この時代、グランド・ゲームすなわち地上に生息する動物もシューティングの対象となることがあった。たとえばラビット（穴居性ウサギ）はテリア、スパニエル、ビーグルなどにより住処から駆り出されたし、野ウサギやノロジカがビーグルやバセット・ハウンドにより駆り出され、銃で撃たれることもあった。

シューティングのスタイルがウォーキング（徒歩で獲物に接近し、射撃する方法）からドライビング（勢子が空中に飛び立たせた鳥を撃つ方法）に変化するのに応じて、ポインターの役割はほとんどなくなっていった。同じことがセター、スプリンガー・スパニエルなどにもやがて当てはまるようになる。こうして一八七〇年代中ごろまでにはレトリーバーが銃猟の世界を独占するようになっていた。その意味からすれば、レトリーバーの祖先犬たるニューファンドランドは値千金の大発見であったのだ。

## 犬を衆目の的にしたい願望をもつ人たちの出現

犬に関わる世界の動きとして注目すべきは、この時代に犬の優秀性を比べあうという意識が様々なレベルの社会階層において芽生えた点である。そうした発想がやがてはドッグ・ショーやフィールド・トライアル（野外実地競技会）の誕生につながってゆく。ここでは、まずそれらのイベントの萌芽ともいえる犬に関わる集会に注目してみたい。

### 初期の犬集会

#### ▼家畜品評会の延長上にある集会

一八世紀のイギリスで生まれた科学的な動物管理法により、家畜の改良が進んだことは先に述べたが、選択交配（セレクティブ・ブリーディング）の技術は家畜だけでなく、やがては犬の作出にも応用された。とくに近代化が進んでいたフォックス・ハンティングに使用されるハウンドの作出にあたっては新しい繁殖技術は有効であった。かくて同ハウンドについては他犬種に先駆けて徹底した血統の管理がなされ、オフィシャルな血統台帳が一八六五年に作成されている。（ちなみにグレイハウンドの血統台帳は一八八二年に作成された。）

興味深いのは家畜と同様、フォックスハウンドについても、犬同士を比べあう品評会が「モダン・ハンティングの父」と呼ばれたジョン・ワードなどの主導により、一九世紀の初期には開催されている点である。同世紀の後半にはより大規模な品評会がヨークやピーターバラを中心に開かれた。これらの集会では、外観の美しさを競う後のドッグ・ショーとは異なり、あくまでもキツネ狩りで期待される役割を果たすのに不可欠な性能を犬が備えているかにおもな焦点があてられた。したがって品評会が催される時期も狩猟シーズンの前であるのが通常であった。また、それらの集会がいわゆる畜犬団体ではなく農業団体により運営されていた点も注目に値する。

## ▼ジェントリー以外の階層（ワーキング・クラス）が主催した集会

社会的評価の高い家畜品評会と深い関わりをもつ犬の集会があった一方で、それらとは異なり、いささか胡散臭い系譜に属する集会もあった。

一八三五年に牛掛けや熊掛けなどのブラッド・スポーツが法律で禁止されて以降、ワーキング・クラスの人々は動物いじめに代わる犬との関わり方を求めていた。自分の犬を衆目の的にしたいという願望のはけ口として彼らが見出した娯楽は、居酒屋などで開催された「マッチ」あるいは「リード」などと呼ばれたインフォーマルな犬の品評会であった。

集まった人々は、出陳者、審査員として互いに犬を論評しては、意見の一致をはかろうとした。犬好きが常連客として集うことが巷に広まるのを期待する居酒屋の主人は喜んで場所を提供したという。

『初期の犬集会』（R. マーシャル画）

そうした集会所の例としてよく引き合いに出されるのが、ロンドンのヘイマーケットの近くにあったジェミー・ショーの居酒屋「クィーンズ・ヘッド・タバン」である。この店は内部の様子を伝える一枚の絵によって有名になった。R・マーシャル作の『初期の犬集会』（Early Canine Meeting）と題するその絵には何種類かの犬が描かれている。性格が穏やかな小型犬はテーブルの上にのせられているが、それ以外の犬はテーブルの足に鎖でつながれているのが興味深い。絵を通して、キング・チャールズ・スパニエル、ブルドッグ、ブル・テリア、スカイ・テリア、ホワイト・イングリッシュ・テリアらしき種はかろうじて確認できるが、種類を確認できないものもある。また、どうにか確認できたものについても、今日の種とは必ずしも対応しないケースがほとんどである。なぜならば、それらはいずれも改良あるいは固定化の途上にあった種といえるからである。

マーシャルの絵に登場する人物は一見、紳士風ではある。だが絵画に描かれる壁に注目すると、そこには闘鶏、ラッティング（ネズミ殺し）の模様を伝える絵や拳闘士のポートレートが飾られているのに気がつく。それらの絵は犬集会がそうした野蛮なスポーツに熱狂していた人々によって支持されていた事実を暗に物語っているのである。

### ▼都市に住むミドル・クラスの犬愛好——犬種標準の作成とケネル・クラブの設立

ヴィクトリア時代の愛犬家のなかで注目すべきは、都市に住む実業家などの中産階級である。上昇志向をもつ彼らは、犬の飼育を通して、自分たちより上の社会的エリートと融合しようと試みたのである。田舎に屋敷をもたぬ彼らは、猟場において活躍する犬よりも、役割をもたない犬（ペット化されたワーキング・ドッグをふくむ）に注目した。なぜならば、好都合なことに愛玩犬の飼育は、昔から王侯とりわけ貴婦人たちの趣味でもあったからである。同じ趣味を共有することで、中産階級の愛犬家たちは自分たちの社会的地位の安定と強化をはかろうとしたのであった。（ハリエット・リトヴォ『階級としての動物　ヴィクトリア時代の英国人と動物たち』二〇〇一年）

したがって犬の選択に際してもエリートの飼育する犬種に愛好家たちが敏感であったのはいうまでもない。たとえば、ヴィクトリア女王が寵愛したポメラニアン、コリーはもちろんのこと、貴族の間で人気を取りもどしたパグなども中産階級からもてはやされた犬種である。その他、ボルゾイも注目された。また、ワーキング・クラスとの連想が強いテリアのなかで、上流階級の趣味であるキツネ狩りの補助をするフォックス・テリアはエリート的な扱いを受けた犬であった。

上流階級との結びつきを深めようとする中産階級はその一方で自分たちより下の階級との間に一定の距離を置こうとした。犬の選択においてもその傾向は見られ、たとえばウィペットなどは敬遠されがちであった。理由は同犬がワーキング・クラスと結びつきの強い犬としてイメージされたためである。ヴィクトリア時代、イングランド北部の鉱山労働者はウサギのコーシングに使うグレイハウンドを購入する経済的な余裕はなかった。そこで仕方なく自分たちでグレイハウンドの小型版を作り、ウィペットと命名し、ラビット・コーシングなどの競技に参加させたのである。そのような出自のある犬は、中産階級の愛好家たちに容易に受け入れられなかったのはいうまでもない。（前掲書）

中産階級が模倣のモデルとする上流階級は既にみてきたように、何世紀にもわたり様々な猟犬や小型愛玩犬を飼育した歴史をもつ。ただし、彼らには、使役といった観点を離れて、自分と他人のどちらの犬が優れているかを判断する基準を作成した歴史はない。

一八世紀に、選択交配（セレクティブ・ブリーディング）を通して優秀なフォックスハウンドを作り出そうとした際に、ジェントルマンたちが拠り所にする基準はたしかに存在した。ただし、それはあくまでも公開を前提にしない血統であった。またフォックスハウンドには、猟野ごとに異なる地形に対応する様々のバラエティーが存在していたために、一つの客観的な基準でイギリス全土のフォックスハウンドを審査する意味はなかったのである。

今ふれたフォックスハウンド、さらにはグレイハウンドの血統はたしかによく管理されていた。しかし、それ以外の大半の犬については起源が不明瞭な点が多かった。それゆえに、中産階級の愛好家たちは、それらの犬に関してはますます熱心に自分の犬と他の犬との差異化をはかる根拠を求めたのである。

やがて彼らが見出した拠り所は、細かく定義された犬種標準と、異なる犬種の分類化、系統化であった。そうした範疇化が必要となった背景としては、この時代に既存犬種の小型化を通して新種が作出され、又英王室と交流のあった諸外国から新たな種がイギリスに紹介されたという事情も考慮される必要があろう。

かくして中産階級が求めた犬の差異化をはかる基準が作られると、犬の愛好は可視的に表現されてゆく。いうまでもなく彼らの犬顕示欲と競争心が最も顕著に示された場は品評会であった。それらの集会はやがてショーへと発展してゆく。最初の公開ドッグ・ショーが開かれたのは一八五九年のことで、開催地はニューカッスル・アポン・タインであった。一八六三年には一〇〇〇頭以上の犬が出陳された大規模なショーがチェルシーで開かれ、大盛況であった。

ショーの数は年を追うごとに増えていった。だが、なかには胡散臭いショーが存在したのも事実であった。それらのショーは表向きにはしかるべき体裁を整えていたが、問題は舞台裏であった。出陳された犬の健康が脅かされるような劣悪な環境も見られ、さらには会場で配布されるカタログに虚偽の記載が見られるケースもあったのである。

それらの問題は犬をステータス・シンボルと見なしていた中産階級にとっては由々しきものであった。賞を得る機会と引き換えに、自分の犬の生命が危険にさらされる可能性も十分にあったからである。そうした、あるまじき状況を憂い、ショーのイメージを刷新しようとした有志が一八七三年に設立した団体がケネル・クラブ（The Kennel Club）である。巷の信頼を回復せんとしてメンバーがまず掲げた課題は血統の管理であった。一八七四年には血統台帳（スタッド・ブック）の第一巻がはやくも作成されている。これにあわせて、純血種犬の登録制度が全国レベルにおいてスタートした。さらには関連ドッグ・ショー間において、入念な審査に通った犬とその飼い主のみが競技会に参加できる資格をもつという制度も設けられた。

このような改革を進めるにあたり、ケネル・クラブは商売上の利権が脅かされるのを危惧する人たちから様々な抵抗にあった。だがヴィクトリア王朝時代の大切な徳目であるレスペクタビリティー（尊敬されるにふさわしいもの・こと）を重んじる人々は秩序と品位を追い求めてやまなかった。その結果、ケネル・クラブはドッグ・ショーの胡散臭い評判を払拭し、新たな統制のもとに、犬の愛好を世間体のよい娯楽とするのに力を貸したのであった。

ケネル・クラブ（ロンドン）が所蔵する血統台帳
（1874 年〜現在）

ケネル・クラブ（ロンドン）の会議室

# 6

# 犬種確立までの歩み

イギリス人と犬との関わりをみてきたが、近代それも一九世紀までは、愛玩犬を除くほとんどの犬についての評価は、関わりのある人間集団にとり、どれだけその犬が役に立つかにほぼ限定されていた。だが社会構造の変化により、農村から都市へ人口が流動するにつれ、犬との関わり方とあわせて、犬の評価のあり方にも変化が生まれる。興味深いのは、時代変化の中で役割を失いながらも絶滅を免れた犬たちがいたという事実である。どのような経緯で新たな活路が見出されたのか。その際に、それらの犬にどのような新たな価値が付与されたのか。また都市を離れた農村部にあって犬をめぐる状況はどのように変化したのか、そうした諸々の問いに対する答えは、ヴィクトリア時代に出現した品評会、ドッグ・ショー、フィールド・トライアル（野外実地競技会）などで用いられた評価基準がどのような意図のもとに設けられたのかをふまえた上で、どのような犬たちがどの集会に関わったのかを探るなかから見出すことができよう。

以下、イギリスにおいて個々の犬種が確立されるまでのプロセスをいくつかのグループごとに検証し、それぞれの犬種の誕生にどのような背景があったのかを振り返ってみたいと思う。

## 愛玩犬を中心とするグループ

このグループについては、ヴィクトリア王朝以前より英王室とかかわりのあった犬——イングリッシュ・トイ・スパニエル、パグ、イタリアン・グレイハウンド、マルティーズ、トイ・プードルと、ヴィクトリア時代に人気の出た犬——ペキニーズ、ポメラニアンなどを中心に見てゆきたい。

### 英王室と古くから関わりのあった犬たち

#### ▼イングリッシュ・トイ・スパニエル

一九世紀以前はトイ・スパニエルと猟犬タイプの小型スパニエルとの間には、はっきりとした境界線はなかった。つまりは小型スパニエルは「コンフォター」のほかに、隠れ処からキジ、ヤマシギを追い出す仕事をすることもあったという。

初期の段階におけるトイ・スパニエルの代表的な二種とは キング・チャールズ（ブラック・タン）とマールボロ公が所有したブレニム（オレンジかレッド・ホワイト）であった。一九世紀の半ばまでにいくつかの団体が誕生し、慎重なブリーディングが展開された。この犬種についていえば、イン・ブリーディング（近親繁殖）も頻繁に行われ、その結果、短い鼻と丸い頭蓋の犬が次第に多く見られるようになってゆく。ヴィクトリア女王の夫君アルバート公もこのスパニエルには深い関心を示し、自身ウィンザー城に犬舎をかまえた時期もあった。

初期の公開ドッグ・ショーが開催されたのは一八六〇年代、一八八五年にはトイ・スパニエル・クラブが設立された。一八九〇年にさしかかる頃から、先述した二種にルビー（全身がレッド）とプリンス・チャールズ（ブラック・タン・ホワイト）が加えられ、犬種内のバラエティーが増やされてゆく。一八九〇年代に入ると、四つのバラエティーは厳密に区分され、さらなる改良の余地はなかったという。このスパニエルがケネル・クラブのスタッド・ブック（血統台帳）で最初に分類されたのは一八九二年のことであった。

一九世紀も後半になると、トイ・スパニエルは富裕な上流階級の独占犬ではなくなりロンドンのイースト・エンドでも優良なスパニエルが作出され始める。トイ・スパニエルが同地区の労働者階級の間で人気を博したのには、彼らの住む小さな家で飼うのにちょうどよいサイズであったし、他の犬より少ない運動量で健康を維持することができたという大きな理由があった。先に紹介したジェミー・ショーの居酒屋内で催される品評会を描いた絵画（『初期の犬集会』一八五五年制作）のなかでも、テーブルの上に載せられた犬の中にはトイ・スパニエルがいた。一九世紀の終わり頃には、この犬が英王室のメンバーに寵愛されることはなかった。

### ▼パグ

オランニエ公ウィレムとメアリーの即位にともないオランダからもたらされたパグは、一九世紀の中葉にその他の小型犬が紹介されるまでは人気があったが、その後、人気は急降下し、ある時期には存在が危惧されたりもした。しかしヴィクトリア時代の後半になると人気は回復し、一八八五年にはロンドンのアクアリウムで単独展も開催されるまでになっていた。ヴィクトリア女王もブラック・パグを飼育していた。

### ▼イタリアン・グレイハウンド

この犬の起源は古代エジプトまで遡るといわれる。そこから地中海地域に広まり、古代ギリシャ・ローマの時代には高貴な女性に寵愛された。中世までには南ヨーロッパに伝えられ、一六世紀には「イタリアン・グレイハウンド」の呼称は浸透していたといわれる。

この犬は一般には愛玩犬として飼われたが、フランスでは穴居性のウサギを狩るラビット・ハンティングにも用いられた。イギリスでは、フランス育ちのスコットランド女王メアリー（メアリー・クィーン・オブ・スコッツ）、その息子のジェームズ一世、チャールズ一世、ヴィクトリア女王などの伴侶犬となり、大変可愛がられた。一九世紀後半にはトイ・スパニエル、マルティーズに匹敵する人気犬種となっていた。一九〇〇年にクラブが創立されている。

▼マルティーズ

この犬がどのような経緯でイギリスに紹介されたかについては不明な点が多いが、エリザベス一世の治世までにはイギリスに存在していたのは事実である。犬博士のキーズも『イングランドの犬について』のなかでマルティーズに言及し、姿の似ているスパニエル・ジェントルあるいはコンフォターと区別している。ヴィクトリア女王もマルティーズを一頭所有していた。

▼トイ・プードル

この犬の存在は一八世紀までにはイギリス国内に知れわたっていた。アン女王も生涯の終わりの歳月に数頭を飼育している。

## ヴィクトリア王朝時代にイギリスに紹介された愛玩犬たち

▼ペキニーズ

一八六〇年、アロー戦争（第二次アヘン戦争）の折、北京を占領したイギリス軍が円明園に侵入すると、西太后の叔母の亡骸を護る五頭の犬が発見された。それらはイギリスに持ち帰られ、一頭がダン連隊長によってヴィクトリア女王にプレゼントされる。パーティ・カラー（白地に輪郭のはっきりした色斑）のその犬は「ルーティー」と名づけられ、大変可愛がられたという。一八六〇年代に、さらに数頭が輸入されている。女王が飼育したということと、異国情緒ある外観により人気をよび、一九〇二年にはペキニーズ・クラブが創立されている。

### ▼ポメラニアン

ポメラニアンの起源は定かではないが、この犬がスピッツの系統に入るのだけはたしかである。ポメラニアンはギリシャからイタリアへ、さらにはフランス、ドイツへと広まっていった。ちなみにポメラニアンという名前は、旧北ドイツのバルト海に面した同名の地方に由来する。イギリスには一九世紀の初頭に紹介されたが、当初はさほど人気はなかった。この犬にはスポーティング・ドッグとしての歴史はなかったし、イギリス産のシープドッグと不当に比較されたのも災いであった。そうした状況を打開すべく繁殖家たちが踏み切ったのがポメラニアンの小型化である。それが効を奏してか人気は上昇し、一八七〇年にはケネル・クラブの認可を受け、翌年には同クラブ主催のショーに出陳されている。

ヴィクトリア女王との縁は、女王がフィレンツェを訪れた際（一八八八）にポメラニアンに出会い、数頭を入手したのがはじまりであった。そのうち、「サーシャ」、「ベッポー」、「マルコ」らの愛犬が一八九一年に催されたクラフト展に出されている。

▼ダックスフンド

ダックスフンドは一九世紀の英王室と深いかかわりのある犬である。初期の輸入に関しては、最良の種がドイツから送られた。この犬の人気はヴィクトリア女王が同国の君主からこの犬種を譲り受け、たいそう可愛がったこととも関係する。ちなみに女王の夫君アルバート公はドイツのザクセン・コーブルグ・コーダ公国の出身で、女王の従兄弟にあたる人物でもあった。

## ハウンドたち——絶滅した種と生き残った種

ハウンドについては視覚ハウンド、臭覚ハウンドの両者についてみてきたが、ヴィクトリア王朝時代にあって、それぞれのハウンドはいかなる存在価値をもっていたのだろうか。ハンティングを取り巻く諸事情の変化のなかで絶滅したハウンド、あるいはオリジナルな役割を失ったハウンド、フィールドを中心に安定した人気を維持したハウンド、フィールドとショーの二つの世界で存在をアッピールしたハウンドについて、それぞれ確認してみたい。

## シカ狩りに用いられた、いにしえのハウンドたち
### ――タルボット・ハウンド、サザン・ハウンド、ライマーなど

セント・ヒューバート・ハウンド（臭覚ハウンドの原型ともいわれる）の末裔であるタルボット・ハウンドはノルマン人のイギリス上陸（一〇六六）以降、主に牡ジカのハンティングに使用された。名前はイギリスに同ハウンドを持ち込んだタルボット家に由来する。このハウンドは一八世紀までは存在したようであるが、その後の存在は確認されていない。

中世より、紐につながれたスタイルでシカを追い詰める仕事をしたライマーは近代の一八世紀あたりまでは存在したと思われる。一七九〇年に刊行されたトーマス・ビューイック挿絵の『四足動物全誌』ではライマーは「知られざる犬」と紹介されていることからも、一九世紀の到来をまたずに姿を消していたと考えられる。

サザン・ハウンドも古い犬種の一つである。イギリスの各地でシカ（牡ジカ）狩りに使われたが、一八世紀にキツネ狩りがシカ狩りに取って代わるようになると、スピードがないサザン・ハウンドは流行から取り残されていった。一九世紀にこの犬は絶滅してしまうが、その遺伝子はフォックスハウンドなどの犬に引き継がれている。

ノルマン人がイギリスにもちこんだタルボット・ハウンドがイギリスの風土に合うように改変され

てゆくなかで作出されたのがイングリッシュ・スタグハウンドであった。大型で足の遅いハウンドであったという。このハウンドを最後に飼育管理していたのはノース・デボン・ハントという団体で、一八二五年までイングランド南西部のエクスムーアの森で赤ジカを追っていたという。その後の歴史を詳しくたどるのはむずかしいが、このハウンドの血はハリアーの系統に受け継がれているという説もある。

一〇六六年、ノルマン人の征服時にイギリスに入った犬のなかには他にブラッドハウンドもいた。祖先犬はセント・ヒューバート・ハウンドとされている。タルボット・ハウンドと同類だが、被毛の色がブラック・タンの犬がブラッドハウンドと呼ばれていた。

名前の由来については、血筋（ブラッド）のよさを表しているという説と、傷ついた獲物が地面に残した血痕（ブラッド）をたよりに、その獲物の在処を探索する能力を表すという説の二つがある。

長らく牡ジカ追いに使われたが、近代に入りシカの数が大幅に減ると、その鋭い臭覚をたよりにした、密猟者の追跡がもっぱらの仕事となった。

忘れてならないのは、中世以降、ビーグル、ワイマラナー、ゴールデン・レトリーバー、ブルマスティフをはじめとする様々な犬を作る際に優れた嗅覚をもつこの犬の血が導入された点である。

ブラッドハウンドはシカ狩りに使われたハウンドのなかで絶滅せずに生き残った数少ない犬種の一つである。この犬が元々の姿に幾分か手を加えられて保存された背景にはドッグ・ショーの存在がある。一八六〇年にバーミンガムで開かれたショーに早くもブラッドハウンドは出陳されている。

## フィールドを中心に活躍したハウンドたち

このグループに入る中心的な犬種は何といってもグレイハウンドとフォックスハウンドである。いずれもジェントリー階級以上のライフ・スタイルと深い結びつきをもつ犬種であった。追跡する対象もウサギとキツネであり、シカのように激減した動物ではなかった。ヴィクトリア時代にはウサギ追いとキツネ狩りに適した能力をさらに開発すべく、ますます入念な血統の管理が行われた。この二犬種がショーの世界とは無縁であるとは言い切れないまでも、審美的な観点とは異なる基準でそれぞれの価値が評価されてきたことに間違いはない。

### ▼グレイハウンド

ヴィクトリア王朝に入るとグレイハウンドのコーシング（ウサギ追い）はますます盛んに行われた。産業革命の恩恵を受けた製造業者たちが新たにこのスポーツをはじめるようになったこと、鉄道の発達によりイベント会場へのアクセスが容易になったことなどが同スポーツ発展の理由であった。

愛好家たちの最大関心事は何と言っても一八三六年にセフトン伯爵の所領内で始まったウォータールー・カップであった。この競技会で勝利を収めた犬がトップ・ドッグ・オブ・ザ・イアーと見なされたが、同競技会にエントリーすること自体が一つの名誉であった。それゆえに優秀な出場犬との交配をアレンジするという新たなビジネスもやがて展開されるようになる。それ以前は自分のチャンピオン犬を将来、競い合う可能性のある犬と交配させるなどという発想をブリーダーたちは決して持ちえなかったが、一九世紀の後半にはそれが現実のものとなった。最初の成功例としてよく引き合いにだされるのが「キング・コブ」という種犬である。

グレイハウンドの血統への関心が高まるのを受けてナショナル・コーシング・クラブ（一八五八年創立）は一八八二年から、同クラブ主催のイベントに参加する犬は由緒正しき出自を証明すべく、しかるべき登録を済ませなければならないとの条件を出陳者に課している。これが必然的にグレイハウンド・スタッド・ブックの作成へとつながっていった。

当時は、グレイハウンドの仔犬が生まれると、人里離れた丘陵地で育てられ、訓練された。犬たちはそこで自由に走り回り、視界に入るものは何でも追跡できたのである。厳しい自然環境の中で育てられ、ある程度の持久力をつけた犬は翌年になると本格的なコーシングのトレーニングを課されたという。

グレイハウンドを使ったスポーツは通常のコーシングだけではなかった。一八七六年には囲い込まれた土地でのコーシングがスタートした。伝統的な三マイルのコースを八〇〇ヤードに短縮したものであった。競技のスピード化を狙ったこころみであったが、イングランドでの人気は短命であった。

オッターハウンド　（ジョン・サージェント・ノーブル画）

同じ年には、ヘンドンのウェルシュ・ハープでグレイハウンドのレーシングも開始された。六頭のグレイハウンドが機械仕掛けのルアーを直線的に追跡するという内容である。ウサギを護るという動物愛護の観点からはじまった新しいこころみであったが、これもなぜか長続きはしなかった。

今ふれた二つのイベントのほかに、トラック・レーシングという競技もあった。コーシングを見学に来る大観衆が競技に支障をきたすことを懸念して、囲い込まれたコーシング・パークで行われた新しい競技であった。このイベントには穴のあいた巨大なフェンスが用意された。穴は逃げるウサギのために設けられ、競技に参加したウサギはあらかじめ穴から逃げる訓練も受けていた。トラック・レーシングでは、そのウサギを二頭のグレイハウンドが追跡した。ウサギに接近するまでの時間、ウサギを方向転換させる回数とターンの種類、ウサギを捕殺したかどうか、などによって競技は採点された。

## ▼フォックスハウンド

あらゆる犬種のなかで血統が最も長く管理されてきたのがフォックスハウンドである。一八世紀よりマスターズ・オブ・フォックスハウンズ・アソシエーションがその管理を行なった。選択交配の技術を駆使して繁殖に取り組んだブリーダーたちが念頭に置いたのはフィールドにおいてキツネ狩りができる能力であった。また、狩猟が行われる地形も考慮してハウンドは繁殖されたため、いくつかのバラエティーが誕生した。だが、いかなるフォックスハウンドであれ、それぞれの血統はフィールドで実証済みであり、あえてそこに改良を加える余地はヴィクトリア王朝時代にあっては、ほとんどなかった。

したがってフォックスハウンドほど通常のドッグ・ショーと縁遠い犬種は見当たらない。たしかにヨークシャーでいくつかの単独展が農業組合のメンバーらにより開催されはしたが、それらとて決して一般大衆の心を引く集会ではなかった。

フォックスハウンドの品評会の雰囲気を最も良く伝える例としては一八七七年に催されたピーターバラ・ハウンド品評会を挙げることができよう。それはとてもよく管理・運営された犬展の例としてよく引き合いに出される。会場ではマスター、ハンツマン、猟犬係が、フィールドでの立場を離れ、実にフレンドリーな雰囲気のなかで、それぞれの犬を称賛し、批評したという。そうしたムードが会場で醸し出されるのも、フォックスハウンドが基本的にはジェントリーを中心とする階級により育成され、競技会での順位をめぐって時に嫉妬心をあらわにするような階級とは無縁であったことと関係しているといえよう。

以上の理由から、少なくともヴィクトリア王朝時代にあってはフォックスハウンドは通常のショーへの参加や一般家庭での飼育とは縁遠い犬であった。

フォックスハウンドは基本的には友好的な犬種には違いないが、リスなどの獲物を追いかける衝動、訓練・しつけの難しさが、同ハウンドを家庭で飼育する場合に直面しうる問題であり、ペットとしてこの犬が定着しなかった理由であると指摘する専門家もいる。（Rawdon B. Lee, *A History and*

*Description of the Modern Dogs of Great Britain and Ireland*, 1893）

## ショーの世界にも進出したハウンドたち

この最後のグループに入るハウンドとして、ブラッドハウンドについては既にふれたが、その他の例としてビーグルとオッターハウンドを取り上げてみたい。二犬種ともに長い歴史をもち、前者はウサギ狩りで後者はカワウソ退治でそれぞれ活躍した。両者ともに期待された役割があり、それらをふまえた繁殖が行われてきた。しかし、ヴィクトリア王朝時代にビーグル、オッターハウンドはともにフィールドあるいは水辺を離れた場でも注目され、あらたなファンシャーの獲得に成功した。

### ▼ビーグル

一九世紀以前のビーグルには様々の偏見がつきまとった。「馬を所有できない貧乏人のフォックス・ハンティングに使われた犬」、あるいは「馬に乗れない年老いた貴族のための唯一のハウンド」などと揶揄されたりもした。だがヴィクトリア王朝時代も半ばを過ぎた頃から、ビーグルによるウサギ狩りは新たな人気をよび、愛好家が増えるという現象がみられはじめた。

他の多くのハウンドと同様、ビーグルの作出についてもウサギ狩りの能力を重視した選択交配が行

ハウンドを用いる徒歩によるウサギ狩り
ボーフォート編『ハンティング』(バドミントン・ライブラリー)

なわれ、全犬種のなかでも極めて強壮かつ頑健な犬が作り出されていった。さらにはフォックスハウンドのケースと同じく、それぞれのパックが活躍する猟野を念頭に置いた繁殖が展開された。その結果、サザン・ハウンドの小型版とも言える、臭覚の優れたサザン・ビーグルや、軽量ですばやい動きをみせるノーザン・ビーグルをはじめとするいくつかのバラエティーが作り出されていった。ビーグルについて特筆すべきは、パックによりハウンドの大きさは様々でありながら、それぞれのパック内において犬のサイズは均一化されていたという点である。それはビーグルの集団が一定のペースでウサギを追うために必要なお膳立てであった。

だがビーグルは猟場においてのみ注目されたわけではなかった。愛好家たちが魅了されたのはコンパクトなサイズ、美しい吠え声、それとフォックスハウンドやスタグハウンドなどと比べて穏やかな性格であった。彼らはビーグルのなかに都市部でも容易に飼育できる可能性を見抜いたのである。そのようなファンシャーたちは、やがて一八九〇年にビーグル・クラブを創立し、六年後には同クラブ主催のショーを開催している。かくしてビーグルはハウンドのなかでは珍しい、ショーに出陳される犬種となってゆくのであった。バーミンガムで開かれたショーでも、ビーグルのクラスが常時設けられた点は注目に値する。スタッド・ブックが作成されたのは一八九二年のことであった。

もちろん、このようなビーグルの巷での人気を快く思わないマスターたちもヴィクトリア王朝時代にはいた。彼らの懸念は、フィールド系とショー系へのビーグルの分化であった。

### ▼オッターハウンド

ビーグルと同様、オッターハウンドも長い歴史をもつ犬である。すでにジョン王（在位一一九九―一二一六）の時代にカワウソ猟で活躍したという記録が残っているほどである。そして一四世紀、エドワード二世に「オッターハウンド・マスター」の称号が与えられると、それ以降、このハウンドは王侯貴族と親密な関係をもつ犬として知られるようになった。

オッターハウンドは優れた嗅覚のみならず、水をよく弾くコート、水搔きのある手足など、水中作業に適した構造をもつハウンドである。作出にあたっては、ブラッドハウンド、オールド・サザン・ハウンド、ウェルシュ・ハリアー、アイリッシュ・ウルフハウンド、ブルドッグなど実に様々な犬が掛け合わされたという。

一九世紀の中ごろまではカワウソ猟は必要にせまられて行われたが、同世紀の終わりにかけて、それは娯楽の様相を呈するようになってゆく。猟は他のハンティングのオフ・シーズンすなわち四月から九月にかけて行われるのが慣例であった。

同じ頃から、猟犬をはなれたオッターハウンドの魅力に注目する愛好家たちも現れる。彼らは同ハウンドの外観だけでなく、快活で、愛想のよい、そして好奇心旺盛な性格にも魅了された。そして次第に、必ずしも都市の生活に適するとは言い難いオッターハウンドがペットとして家庭に迎えられるようになってゆく。この犬はしばらくするとショーの世界にも進出するが、興味深いのは、少なくとも一九世紀の終わりにあっては、実猟で活躍するオッターハウンドとショーに出陳されるそれとの間におもだった違いはなく、一つのタイプのみが存在したという事実である。

## フィールドとドッグ・ショーの両世界で活躍したガンドッグたち

近代において、銃の発達とあわせて狩猟家たちの注目を集めるようになったガンドッグも、ショー時代の幕明けとともに、急にリングに押し寄せたというわけではなかった。貴族らをはじめとする上流階級の手によって、じっくりと繁殖されてきたガンドッグの活躍の場は基本的には各々の屋敷に隣接する猟場であった。

近代に起こった現象として注目したいのが人と犬との関係にみられた一つの変化である。とくに主人とガンドッグは銃猟という共同作業の場において、獣猟では求められない一対一のコンタクトをとることが期待されたが、この親密な関係を通して、犬は働き手でありながら個なる大切な存在であり、コンパニオンでもあるという考え方が芽生えはじめる。その証左として、他のヨーロッパ諸国に先がけて、犬とくにガンドッグに対して、人につけるのと同じ類の名前がイギリスでつけられはじめてゆく。

ここでは、ヴィクトリア王朝時代を中心に、ガンドッグたちが実猟、フィールド・トライアル（野外実地競技会）あるいはショーの世界でいかに受け入れられ、分類・整理されていったのかを振り返ってみることにする。

## スパニエル

すでに見てきたとおり、スパニエルは銃猟時代に入る以前から鷹狩りなどで使われてきた犬である。ヴィクトリア王朝の時代までには、すでにランド・スパニエルとウォーター・スパニエルに分化されていた。まずはランド・スパニエルが、ヴィクトリア時代を中心にいかに分化し、それぞれの種がどのように固定化されていったのかを確認してみたい。

### ▼コッカー・スパニエル、スプリンガー・スパニエルその他

一九世紀の初期にはランド・スパニエルのなかの小型の部類はコッカー、あるいはコッキング・スパニエルと呼ばれていた。コッカー・スパニエルは、大型のスパニエルやセターがほとんど入りこめない小低木や繁みに潜りこみヤマシギやキジを追い出す才能に秀でた猟犬であった。（ちなみにヤマシギの英語名はウッドコック〔woodcock〕である。）

初期のブリーダーとして有名なのはジェームズ・ファローであり、彼の作った「オボ」がその後のコッカー・スパニエルの発展の基礎となった犬として知られている。しばらくはオボが理想とされたが、やがてブリーダーたちは頭位置の低い、太い首をもつオボのタイプから離れ、サイズもより小さく、誇張された部分のない犬へとコッカーを改変してゆく。

だがコッカー・スパニエルとより大型のスプリンガー・スパニエルは繁殖家の拘りにもかかわらずサイズを除いてほとんど違いはなかった。したがって資質面での同一性を理由に、二者をあえて分けることに反対する意見もあったが、そのような保守派と改革派の意見対立は収拾がつかないほど激化したため、ついに一八九二年、コッカー・スパニエルは単一の犬種としてケネル・クラブから公認されることとなった。二〇世紀の初頭にはコッカー・スパニエルの犬質も向上し、より均一化され、ス

ポーティング・スパニエルのなかでは最も人気のある犬種となってゆく。コッカー・スパニエルはウェールズとデボンシャーでよく見かけられる犬であったという。

スプリンガー・スパニエルの名前は、姿を隠している場所から獲物を「飛び立たせる」(spring)という役割に由来する。コッカーより大きなスパニエルで、飛び立たせるだけでなく、撃ち落された獲物を回収する能力も備えた多才犬として知られる。

一八一六年に刊行されたリチャード・ローレンスの『蹄鉄術大全とイギリスのスポーツマン』(*The Complete Farrier and British Sportsman*, 1816) に「イングリッシュ・スプリンガー」という名前が登場し、サイズ以外は外見上、セターとほとんど変わらないとする記述が見られる。この頃までにスプリンガーの血統は意識して作られ始めていたようだ。というのも、同著が出る前に、ボウイ家がシュロプシャーとスタフォードシャーの境に位置するアクアレートの所領に、系統繁殖(ライン・ブリーディング)によりスプリンガー・スパニエルを作出する犬舎を設けているからである。

一九世紀を通してスプリンガー・スパニエルがフィールドで活躍する猟犬であったのは、スポーティング・ドッグの権威であるウィリアム・アークライトやB・J・ウォーリックの所領で一八九九年に催されたフィールド・トライアルにこの犬が出ていることからも伺える。(フィールド・トライアルとはゲームの発見、回収またはゲームの遺臭追跡の能力などを審査する競技をさす。)

このように見てくるとスプリンガーの名前が一九世紀にはすでに使用されていたのは事実だが、一

コッカー・スパニエル
（アーサー・ウォードル画）

スプリンガー・スパニエル
（ジョン・エムズ画）

つの犬種としてケネル・クラブに認定されたのは一九〇二年のことであった。

その他、ランド・スパニエルのなかにはサイズがコッカーよりは大きいが、スプリンガーより小さいスパニエルが存在した。フィールド・スパニエルと呼ばれる、このスパニエルは低く生い茂る棘のある潅木やオオシダ、ハリエニシダの間を通り抜けるのを厭わない犬であった。

フィールド・スパニエルが作られはじめたのは一八六〇年代に入ってからといわれる。コッカー・スパニエルとサセックス・スパニエルの交雑種を基に、アイリッシュ・セターやスプリンガー・スパニエルの血が加えられていった。

だが外観を重視するショーの出陳者らによりこの犬は次第に誤った方向に導かれていく。彼らが作り出した犬は長い胴体と低い体高をもつタイプであった。それは一八八〇年頃にバセット・ハウンドとの交配が行われてから顕著になった傾向であり、頭は重くなり、下腹は垂下し、胴は弱くなり、前足は湾曲してしまった。見た目だけでなく、体にも悪い影響が出たのである。

責任はジャッジに印象づけようとするショーの出陳者だけにあるのではなかった。スポーツマンの中にも、低く生い茂る鳥の隠れ処に分け入るには、重心の低い犬の方が適しており、又そのほうがシューターから遠すぎない場所に位置できると主張してやまない者がいた。

かくして一八九〇年から一〇年ほど受難の時代が続いたが、その時期を過ぎるとふたたび良心的なブリーダーたちが改良に着手し、健全なフィールド・スパニエルが作られていった。一九二三年に創

フィールド・スパニエル（アーサー・ウォードル画）

立されたフィールド・スパニエル・ソサエティーは当初から独自のフィールド・トライアルを開催できる力をもつ組織であった。

## 特定のパーク（猟園）で繁殖されたスパニエル

### ▼クランバー・スパニエル

イギリスの名門貴族と深い関わりのあったスパニエルとしてはクランバー・スパニエルを忘れてはならない。この犬の名前はニューカッスル公爵の領地であるノッティンガムシャーのクランバー・パークに由来する。

クランバー・スパニエルはフランス革命（一七八九）よりもかなり前の一七七〇年頃、フランスのノワイユ公爵からニューカッスル公爵にプレゼントされたものといわれる。ニューカッスル公爵も犬がたいそう気に入ったとみえて、自分の領地で新種のスパニエルの育成に本腰を入れることになる。

クランバー・スパニエルは銃弾の射程距離が短く限られていた時代の猟犬であった。すなわち獲物の数が豊富で、突進力が求められないクランバー・パークのような猟場において、ゆったりかつ整然と動き、獲物を探し出すと静止させ、しばしの間をおいて飛び立たせ、射撃後にそれを回収させるのにもってこいのタイプであった。比較的短い射程距離でのシューティングを可能にするためには、犬

フィールドのクランバー・スパニエル　(モード・アール画)

が吠えずに獲物に接近するのが条件であったが、クランバーがその適役であったのは、この犬には音をたてずに動く習性があったからである。しかし、あまりにも静かに動くために、猟の際に首輪に鈴をつける場合もあった。その音でシューターたちは草むらで動く犬を確認したのであった。ゆったりとした猟のペースゆえに、イギリスでは「隠居紳士のための銃猟犬」と称されたりもした。

クランバーは貴族の間で人気を集めたスパニエルであった。独占欲の強いニューカッスル公爵の保護もあり、入手が困難な時代がしばらく続いた。同公爵の他にノーフォーク公爵、ポートランド公爵、スペンサー伯爵などもこの犬を所有し、同じように保護に余念がなかったといわれる。

人気の最盛期はヴィクトリア王朝時代全般と二〇世紀初頭であった。

### ▼サセックス・スパニエル

このスパニエルの名前は、犬種の発祥地であるサセックスに由来する。同州へイスティングズ近郊のブライトリングで一八世紀の後半から一九世紀の前半にかけてこの犬種の繁殖に余念がなかったのはローズヒル・パークのA・E・フラー氏であった。

作出にあたりフラー氏が念頭においたのは、犬舎の近くにあるブライトリングの森林で活躍できるスパニエルであった。伝統的なスポーツマンであった彼は、鳥を駆り出すビーターたちの手を借りて人工繁殖された鳥を撃つのではなく、かりに猟の収獲は減ったとしても、自然の隠れ処から鳥を追い出すことに長けたスパニエルを使っての猟を好んだのであった。

サセックス・スパニエル　(モード・アール画)

やがてフラー氏の思いを実現するサセックス・スパニエルが完成する。それは茨のなかも潜り抜けられる密に生えた被毛と短い足をもつ、頑強で信頼性のある犬であった。ヤマシギやキジが姿を隠す深い繁みから、それらの鳥を飛び立たせることにかけてはこの犬の右に出る犬はいなかった。

他のスパニエル種にないサセックスの特性は、獲物を探す際に吠え声をあげることである。その声によりシューターは繁みの中にいる犬とコンタクトをとることができたのである。集中力のあるこの犬は繁みをくまなく捜索し、獲物を発見するまではそこを離れようとしなかった。

サセックス・スパニエルはまた鳥だけでなく、獣を駆り出すこともできる多才犬であった。また回収能力もあり、獲物を運ぶときは傷をつけないように、そっと咥えることができるソフト・マウスの持ち主でもあった。

一八四七年にフラー氏は他界するが、その後を継いだのがローズヒル犬舎の飼育主任であったレルフという人物である。フラー氏の指示により、レルフには以後の繁殖に用いるペアを選ぶ権利が与えられたが、彼が選んだのは「ジョージ」と「ロンプ」という二頭であった。この二頭の血統はその後長く、サセックス・スパニエルの繁殖に受け継がれてゆくこととなる。

## ウォーター・スパニエルの仲間たち

ウォーター・スパニエルは、隠れ処から鳥を飛び立たせるという本来のスパニエルの仕事よりも、水鳥を回収する水禽猟を専門とした点においてランド・スパニエルとは異なるタイプの犬である。一九世紀にはいくつかのウォーター・スパニエルが存在したが、ヴィクトリア時代の後半には地上から姿を消してしまう種もあった。

イングリッシュ・ウォーター・スパニエルもその一つであった。一六世紀には「ファインダー」、一七世紀には「ウォーター・ドッグ」として親しまれたこの犬は、油分をふんだんに含むコートをもち、長い水中作業ができる猟犬であった。しかし一九世紀において、水上での回収もできるレトリーバーとくにカーリーコーテッド・レトリーバーあるいはフラットコーテッド・レトリーバーにスポーツマンの関心が注がれるようになると、その数は激減し、一八九〇年代にはほとんど絶滅状態にあったといわれる。

姿を消してゆくウォーター・スパニエルが多いなかで、絶滅をのがれた種がアイリッシュ・ウォーター・スパニエルであった。この犬はイングリッシュ・ウォーター・スパニエルや、ラージ・ラフ・ウォーター・ドッグとして知られたバルベなどを祖先にもつスパニエルである。

一八五〇年頃にはアイルランドの北部と南部で異なる二種が見られたという。北部のものは白とレバーの犬であり、南部のものはレバー一色からなる犬であった。やがてドッグ・ショーが開催されるようになると、南部のタイプをスタンダードと見なす傾向が強くなる。

この南部のタイプを普及させ、その改良につとめたのがジャスティン・マッカーシーであった。特

アイリッシュ・ウォーター・スパニエル　(モード・アール画)

筆すべきは、彼の所有した「ボーツウェン」というスパニエルである。この犬こそ、その後のアイリッシュ・ウォーター・スパニエルの祖先となる犬なのであった。マッカーシーなどの尽力もあり、一八九〇年にはアイリッシュ・ウォーター・スパニエル・クラブが創立されている。

以上、スパニエルのバラエティーが確立されるまでのプロセスをたどってみた。興味深いのは、初期のドッグ・ショーにおけるスパニエルの出陳者たちがみな必ずしもスポーツマンであったというわけではなく、その多くが銃の製造・販売に関係する者であった点である。初期のショーが犬の審査だけでなく、商売の大切な機会でもあったことがうかがえる。

## ポインター

この犬は、狩猟において銃が使用されるようになった近代から、獲物をポイントするガンドッグとして長らく活躍してきた点はすでに紹介した通りである。一九世紀に入ってからも人気は高かったが、ヴィクトリア時代を迎えて、しばらくすると銃猟を取り巻く環境が変化する。

かつての時代、すなわち農地が改良されず、水はけが悪かった時代は草も伸び放題であり、よく茂った草むらは鳥たちの格好の隠れ処であった。そのような狩猟環境でポインターに期待されたのは、シューターの前を動いて獲物を探し、見つけるとポイントし、射撃のお膳立てをするという仕事であった。

だが、排水のシステムが整備され、手動の鎌に代わり草を短く刈り込む機械が使用されはじめると、農地の状況は一変し、シューティングのスタイルにも変化が見えはじめる。すなわち自然界に棲息する鳥ではなく、人工的に飼育した鳥を大量に空に放ち、それらを射撃するというスタイルが主流となるのであった。

当然、ポインターの出番は少なくなり、誰しもが実猟の世界からいずれは姿を消す運命を予感した。

だが、現実にはこの犬は少なくとも二つの世界、すなわちドッグ・ショーとフィールド・トライアルにおいて、新たな活躍の場を与えられることとなる。

美しい容姿をもつポインターはもちろんドッグ・ショーの世界で脚光を浴びたが、トライアルにおいても注目を集める存在となった。一八六五年には最初のフィールド・トライアルが、ベッドフォードシャーにあるサミュエル・ウィトブレッド氏の所領で開催された。当時の最高クラスのポインターが技を競ったという点において注目されるべきこの最初のフィールド・トライアルは大成功を収め、その後も同じ目的の集会が各地で盛んに開かれるようになる。そして回を重ねるにしたがい、ポインターの存在価値も上がっていった。

注目すべきは、それらのトライアルで大活躍したポインターの多くを育てたJ・H・ソルターという人物である。ケネル・クラブの初期のメンバーでもあったソルター氏は、フィールドのみならず、ショーでも脚光を浴びるような容姿のすぐれた犬の作出に尽力した。

ソルター氏の二つの期待に見事こたえたのが「マイク」という彼の所有するポインターである。この犬は一八七四年から一八七六年の二年間にフィールド・トライアルにおいて九つの賞を獲得しただけでなく、同時期に開催されたショーでも優秀な成績を残している。ちなみにアレクサンドラ・パレスでのショーでは二席、クリスタル・パレスのショーでは一席であった。

一八八七年にはポインター・クラブが創立された。運営責任者たちは早速、独自のフィールド・トライアルの開催を企画する。興味深いのは同クラブの関心がトライアルにのみ注がれなかった点であ

フィールド・トライアル・ミーティング　(ジョージ・アール画)

る。このクラブは主要なドッグ・ショーを後援し、優秀な出陳犬には特別な賞を与えたのであった。もちろん、すべてのポインターがソルター氏の所有する犬のように、美しさと作業能力を兼ね備えているわけではなかった。当時のポインターの専門家のなかにはフィールド・トライアルで活躍するポインターとショー系のポインターの隔たりを嘆く者もいた。だが、総じていえば、トライアルとショーの両世界からの支持を受けて、ポインターの犬質が向上したのは紛れもない事実であった。

## セター

セターは、セッティング（＝クラウチング）・スパニエルから作り出されたと考えられている。時の流れとともにセッティング・ドッグが大型化していったのは狩猟スタイルの変化に伴い、よりスピードのあるガンドッグが求められた結果であった。かくしてスパニエルに臭覚の優れたポインターなどのガンドッグが掛け合わされてセターが作られてゆくが、一九世紀に入ると地域ごとに、それぞれの環境に適したバラエティーが確立されてゆく。

以下イングランド、スコットランド、アイルランドで、いずれも地元の有閑階級によって作り出されたセターを見てみたい。

### ▼イングリッシュ・セター

このセターを気高いスポーティング・ドッグに発展させた繁殖家たちは数多くいたが、その代表がエドワード・ラヴェラック師とリチャード・パーセル・ルエリン氏の二人であった。

ラヴェラックとイングリッシュ・セターとの関係がスタートしたのは一八二五年に彼がカーライルのA・ハリソン師から「ポント」（牡）と「オールド・モル」（牝）という二頭のセターを手に入れた時点からであった。それまでに実はハリソン師は三五年以上にもおよぶ歳月をかけて自家繁殖に取り組んでいた。したがってラヴェラックが譲り受けた二頭はある意味で、すでに確立されたセターの系統であったといえる。ラヴェラックの手柄はその由緒ある血統を五二年にもわたるライン・ブリーディング（系統繁殖）を通して護り通した点にある。

ラヴェラックのセターはフィールド・トライアルではさほどの成績は残せなかったが、実猟の場ではライチョウなどのシューティングで大活躍した。ドッグ・ショーが巷で開催される頃には彼は高齢に達していたが、それらの機会に自分の犬を積極的に出陳し、二頭のチャンピオンを完成させている。一九世紀後半（一八六一―九二）において、諸々のショーでチャンピオンに輝いたイングリッシュ・セターのほとんどすべてがラヴェラックのラインを継承する犬たちであった。

ラヴェラック師の繁殖のノウ・ハウを受け継いだのがルエリン氏であった。彼は後にラヴェラック師の系統とは異なる、いわゆる「ルエリン・セター」の系統を確立した人物であるが、その基礎となったのはラヴェラック師が育てた「カウンテス」と「ネリー」という二頭のセターであった。前

ルエリン・タイプのイングリッシュ・セター

者は最初のデュアル・チャンピオン（ショーとフィールドのチャンピオン）であり、後者はフィールド・トライアルのチャンピオンであった。

ラヴェラック師がショーで活躍する犬の繁殖に力を注いだのに対し、ルエリン氏はフィールド・トライアルで本領を発揮する犬を育てたことで知られる。ルエリン氏は、全犬種のポインティング・ドッグが出場したフィールド・トライアルにおいて、イングリッシュ・セターを擁して最多のウィナーを獲得したブリーダーであった。

ゴードン・セターやアイリッシュ・セターと比べると、イングリッシュ・セターの足は多少短めともいえるが、それはスコットランドやアイルランドでよく見かける、ヒースの生い茂る土地や湿地での猟はこの犬には期待されなかったためとされている。

二〇世紀になると、イングリッシュ・セターはより明確にショー・タイプとフィールド・タイプに分かれていった。

### ▼ゴードン・セター

このセターはスコットランドで一七世紀の後半から作られはじめたと伝えられている。その名は一八世紀にバンフシャーの所領で同系統のセターを飼育していた第四代ゴードン公爵（一七四三―一八二七）に由来する。

ワーキング・ドッグとしてこのセターに期待されたのは何よりもスコットランドの猟野での活躍であった。筋骨たくましく、がっしりとした体つきの犬であるが、とくに後身部が発達しているのは、スコットランドの丘陵地で精力的に動きまわれるためであった。そこで必要とされたのはスピードというよりはスタミナであった。また同地の厳しい自然環境のなかで雨風をよく凌げるように、コートもしっかりとしたものとなっている。

ゴードン・セターは猟鳥を探し出す点においては信頼のおけるガンドッグであった。鳥に限らずいかなるゲームであっても、居場所を探し当てることに長けていた。ゲームが盛んに商取引されていた時代にあっては「ミート・ドッグ」と称され、有能な稼ぎ手として貴重な存在であった。

ゴードンのコートの色（ブラック・タン）は猟野においてカムフラージュとなるケースも多かった。とくに群葉を背景とする状況ではゴードンは目立たぬ存在となった。したがって、この犬の姿が見えにくくなった時を猟のお開き時とするシューターたちも多かったという。

一八六五年に開かれた最初のトライアルではゴードンはすでに目立つ存在となっていた。当時はコリーやブラッドハウンドに似ている様々のタイプが存在したが、ヘザー犬舎のロバート・チャップマンの主導により一八七五年頃には統一された一つの種が確立されていた。このセターの呼び名は時代により異なった。ちなみにケネル・クラブが創立された一八七三年の時点では、ゴードンではなく「ブラック・アンド・タン・セター」と呼ばれていた。

## ▼アイリッシュ・セター

このセターは、古くはフランスからアイルランドに渡った大型のレッド・アンド・ホワイト・セターを祖先にもつとされている。一八世紀のアイルランドでは人気のあるセターとして知られるようになっていた。（イングランドでは一八八〇年頃までは人気がなかった。）この犬はライチョウ、ヤマウズラ、ヤマシギ、キジなどの猟に使われた。

かつてはホワイト・レッドとレッド単色の二種類があり、前者の方が重宝がられていた。アイルランドの山や湿地での猟では、獲物を見つけ、ポイントさせるものの、レッド一色のセターを使う場合、茶色のヘザー（ヒース）に囲まれて、犬が見えにくいケースが多々あったのであった。

だが一八八二年にアイリッシュ・セター・クラブが設立されると状況は変わり、レッド単色の犬が圧倒的に好まれるようになる。またボルゾイなどと掛け合わせることで、よりスマートなセターを作り出そうとする試みもあったようだが、ワーキング・ドッグとしてのアイリッシュの系統を護る保守

ポイントする二頭のセター　ゴードン（手前）とアイリッシュ
（トーマス・ブリンクス画）

派のブリーダーからは大反発を招いた。

フィールド・トライアルの世界ではJ・C・マクドナ師の「プランケット」というセターがクラブ設立以前から長きにわたり素晴らしい成績を残している。プランケットの後は、R・オキャラガン師の「アヴァリン」がケネル・クラブの集会で注目された犬であった。

一九世紀の半ば過ぎから終わりにかけて、アイリッシュはおもにショー・ドッグとして人気を高めていった。

## レトリーバー

連発銃が開発されると、銃猟で活躍する犬の種類にも変化がみられた。獲物をポイントするのではなく、撃ち落された鳥を回収する役割がもっぱら期待される状況において、ポインター、セターの出番が少なくなったのは当然であった。スパニエルはたしかに回収のできる犬ではあったが、大きめの猟鳥を上手に、素早く咥えて運べるかという点については疑問視されることもあった。そこで一躍、脚光を浴びたのがスパニエルよりも大型のレトリーバーであった。

レトリーバーはキジ、ヤマウズラの猟のみならず、カモ猟、ライチョウのドライビングなどにおいても力を発揮し、さらには、傷を負った野ウサギ、翼を傷めたキジなどを隠れ処から持ち帰るのも得意であった。獲物に歯型をつけないようにやさしく咥える、いわゆる「ソフト・マウス」をもつガンドッグであった。

レトリーバーの起源については諸説あるが、カナダのニューファンドランドからイギリスに連れてこられた犬のうちの小型タイプ（水中作業に適した、オイル分の多いコートと水かきのついた足をもつセント・ジョンズ・ドッグあるいはレサー・ニューファンドランド）が基礎犬となり、それにセター、コリーさらにはウォーター・スパニエルなどの血が足されて、いくつかの種類が作り出されていったと一般には考えられている。それらの種類に共通するのは、カーリー（巻状）、ウェイビー（波状）あるいはストレートのいずれかのコートをもち、カラーはブラック、ブラウン、レバーなど、いずれも単色であることであった。

## 初期に注目されたレトリーバーたち

### ▼カーリーコーテッド・レトリーバー

初期のイギリス産レトリーバーのなかでは最も古い種である。このレトリーバーを作る際に小型のニューファンドランド（セント・ジョンズ・ドッグ）が基になっているのは間違いないが、同基礎犬と他種との交配については、おもに二つのパターンが見られたようである。一つはイングリッシュ・ウォーター・スパニエルと、もう一つはアイリッシュ・ウォーター・スパニエルとの交配である。後になって巻き毛の度合いを強くするためにプードルが交配に使用されたこともあった。

カーリーはさほど時間が経っていなければ遺臭をよく拾い、コマンドへの反応もよく、安定した仕事ができる犬であった。水・陸の野鳥狩りに適したガンドッグであったが、石積塀に潜むテンなどを探しだすのも得意であった。

ショー・ドッグとしては一八六〇年に開催されたバーミンガムの大会に早くも出陣されている。一九世紀の間は人目を引く外観から注目された犬であったが、自立的気質をもつがゆえに扱いにくい面もあった。そのせいもあってか、次第により扱いやすいフラットコーテッド・レトリーバーに人気をさらわれてしまう。

### ▼フラットコーテッド・レトリーバー

セント・ジョンズ・ドッグとイギリス国産のセターを掛け合わせて作られた犬であり、かつては有産階級の大邸宅で飼われ、所領内の猟場で活躍したガンドッグであった。

深い藪の中というよりは、広々とした野原、荒野、カブ畑での猟に向いた犬であったのは、そのコートの質と大いに関係があった。繊細なコートは有刺性の植物に対する抵抗力を持っていなかったのである。

だがこのコートは水中作業には適していた。したがってこの犬はカモの運搬にかけては有用であった。獲物を傷つけずに運ぶソフト・マウスをもっていた点も見逃せない。

一九世紀の半ばを過ぎた頃まではそのコートは波状であったため、ウェイビーコーテッド・レトリーバーと呼ばれていたが、次第にコートは平滑化していった。その為、おのずと呼び名もフラットコーテッド・レトリーバーに変えざるをえなかった。

一八六〇年にバーミンガムで開催されたショーでは、ブレイルスフォード氏の「ウィンダム」という犬が話題をさらった。厚いコートをもつウィンダムは重量感があり、どちらかといえば大型のラブラドールに似ていたという。現在のようなよりスマートなフラットコーテッド・レトリーバーの容姿が目立つようになるのは一九世紀の終わり頃になってからであった。

このレトリーバーはフィールド・トライアルとショーの両分野において脚光を浴びた犬であった。ショーにおいて重視されたのは、ケネル・クラブの初代会長のS・E・シャーリー氏がフラットコーテッドの称賛者であったのと無関係ではなかろう。同氏はショー・タイプの普及に尽力した。繁殖と改良にあたっては、セターではなくラブラドール（セント・ジョンズ・ドッグという古いタイプ）の血がもっぱら導入された点も注目に値する。当時、最良のフラットはほとんどシャーリー氏の手がけた系統に属する犬であった。

フラットはヴィクトリア王朝の時代にはたしかに一世を風靡した犬であったが、二〇世紀に入ると、ラブラドール・レトリーバーに次第にその人気を奪われていった。

ウェイビーコーテッド・レトリーバー （チャールズ・ハミルトン画）

S. E. シャーリー氏 （アーチボルド J. S. ウォートレー画）

## 後期に台頭したレトリーバーたち

### ▼ラブラドール・レトリーバー

一八世紀のはじめに、イングランドのプールを出港し、カナダ東海岸での漁に従事したイギリス人は、ニューファンドランド（セントジョンズはその主要な港町）の漁師たちが使っていた犬の能力に感服する。同地の犬たちは泳いで漁網を運び、そこから逃れた魚を回収する仕事をしていた労働犬であった。犬たちは凍てつくような海での作業に適した、水をよく弾くコートと船舵のような働きをするオッター・テール（カワウソのような尻尾）をもっていた。元をただせば、それらは一六世紀頃から、ヨーロッパ各地より遠洋漁業の舞台であったカナダに船で渡った犬たちの末裔でもあった。

やがてカナダ人の漁師たちは犬の売り渡しを依頼されるようになる。漁師たちは重宝していた犬を手放すのを最初のうちはためらっていたが、自分たちの生活苦を考えると、売りに出すのが得策であると考えを改めるようになる。犬を求めていたのがイギリスの上流階級であるのを知ったからである。それらのスポーツマンたちは水陸両用万能犬としての活躍をカナダ生まれの犬に期待していたのであった。

一九世紀に入ると、勤勉なセント・ジョンズ・ドッグは塩ダラを運ぶ船で定期的にカナダから持ち込まれるようになり、しばらくするとイギリス国内にも繁殖を展開するのに必要な種犬のストックができる。先駆的ブリーダーたちはいずれも貴族であり、マームスベリー伯爵、バックロー公爵、ナッ

マガモを咥えるラブラドール・レトリーバー　(モード・アール画)

ツフォード子爵などが代表的存在として名高い。

とくに第二代マームスベリー伯爵はカナダ原産の犬たちを「リトル・ニューファンドランダーズ」と呼んで、一八〇九年までには好んで銃猟に使うようになっていた。同じ犬を「ラブラドール」と呼び始めたのは息子の第三代マームスベリー伯爵であった。しばらくするとラブラドールのカモ猟、鳥猟における働きは評判になり、イングランド北部やスコットランドの領主たちが競ってこの犬を使うようになっていった。

ラブラドールは確かに有能な犬であったが、カナダから持ち運ばれる犬の数に制限があったため、初期の繁殖においては他のレトリーバー種と交配させざるをえないケースも多々あった。だが、そのような厳しい状況にあっても極力、純粋な血統を護りとおしたのがマームスベリー家であった。ヴィクトリア王朝時代に入ると、そのラインは第五代バックロー公爵に受け継がれ、同家がマームスベリーの系統を今日に伝えている。

ラブラドール・レトリーバーが一犬種としてケネル・クラブに認定されたのは一九〇三年のこと。翌年にはクリスタル・パレスで開かれたショーに出陳された一頭が早くもチャンピオンに輝いている。さらには、同じ一九〇四年、それまでフラットコーテッド・レトリーバーが独占していたフィールド・トライアルに初めてラブラドールは参加した。

### ▼ゴールデン・レトリーバー

ゴールデンはレトリーバーのなかでは新しい犬種であるので、比較的よく祖先犬の起源をたどることができる。

この犬の作出に着手したのは、スコットランドはインバネスに近いグーシカンに別荘をもつダドリー・マーチバンクス卿（ツィードマウス卿）であった。ことのはじまりはマーチバンクス卿が、チェスター卿からイエローのウェイビーコーテッド・レトリーバーを譲り受けた時点においてである。スコットランドの厳しい風土のなかでたくましく生き抜いていける家畜（とくにハイランドの牛やポニー）の繁殖でも定評のあったマーチバンクス卿は、同じ発想のもとに、自分の屋敷を取り囲む狩猟環境に適したガンドッグを作ろうと思い立つ。まず彼は「ヌース」と呼ばれたその黄色い犬を一八六八年にツィード・ウォーター・スパニエル（絶滅種）の「ベル」と交配させる。さらに、その結果、誕生した四頭のうちの一頭をレッド・セター（アイリッシュ・セター）と掛け合わせた。その子孫たちは初期のゴールデンを作り出す上で重要な役割を果たす基礎犬となった。

マーチバンクス卿が繁殖を手がけたレトリーバーは、コート色の珍しさも手伝って、仲間の貴族たちの間でたいそうな評判になった。やがて、それらの関心をもった貴族たちが同系統の犬を入手し、それぞれの所領で繁殖を始めるようになる。

毛色の美しさも大切であったが、繁殖の目的は、あくまでも銃猟犬としての能力を高めることにあった。その成果が現れたのは二〇世紀初頭の一九〇四年のこと。この年に祖先犬ともいえる「ヌー

ゴールデン・レトリーバー　（ジョン・エムズ画）

ス」と「ベル」の子孫にあたる一頭がレトリーバーのフィールド・トライアルで優勝したのである。

この犬種が最初にショーに出陳されたのは一九〇八年のクリスタル・パレスにおいてであった。その時は「フラットコーテッド・レトリーバー、ゴールデン」と呼称された。

その後、ゴールデン・レトリーバーと名前を改められ、イギリスのみならず、アメリカ大陸でも大変人気のある犬種になっていった。

## 牧羊・牧牛にたずさわった犬たち

何世紀にもわたりイギリスの農家で飼われてきた牧羊・牧牛犬については、各々の地域にふさわしい役割を果たすべく、様々なローカル・タイプが生み出されていった。

しかし、オオカミの絶滅（イギリスでは一五世紀）や、囲い込まれた牧場の増加、さらには産業革命以後の牧羊・牧畜業の縮小などにより、種類が減少していく。

そのような時代変化のなかで絶滅をのがれたのは、どのような種であったのか。代表的なシープドッグ、キャトルドッグを中心にみてゆきたい。

### ▼スコッチ・コリー（スムース・コリーとラフ・コリー）

スムース・コリーとラフ・コリーの体躯はほぼ同じであるが、コートが後者は長毛である点が大きな違いである。ヴィクトリア時代、両者は同じ犬種として扱われもしたが、その場合は一般に原産地に由来するスコッチ・コリーという呼称が用いられた。（一方では両者の祖先犬は役割が異なり、容姿も似通っていなかったとする説がある。）

スコッチ・コリーの存在は一八世紀には知られていた。当時は犬の外観には関心は注がれず、もっぱら羊をまとめる能力が重視された。したがってハーディングの仕事に適さない性質の犬は繁殖から除外された。その結果、見た目に冴えない、どちらかと言えばみすぼらしい風貌の犬が目立つ時期が続いた。

しかし一八六〇年にバーミンガムで開催されたドッグ・ショーに五頭が出陣されたことがきっかけになり、スコッチ・コリーのルックスへの関心が芽生えると、この犬は次第にハンサムな、そして高貴な外観をもつ犬に姿を変えられていった。

もちろん、コリーがショー用の犬に改変されるのを快く思わない人たちもいた。牧羊地でこそコリーの本領は発揮されると確信してやまない農場関係者たちはやがて牧羊犬のトライアルを企画し、最初の競技会を一八七三年に北ウェールズのバラで開催している。以後、毎年のように催された会合には農夫や羊飼いらが集い、忌憚《きたん》なき意見を述べあったという。場の雰囲気も、嫉妬心がうずまくショーのそれとは異なり、じつに和気藹々としたものであったと伝えられている。

だが、それらのトライアルも、スコッチ・コリーのショー・ドッグ化への動きに歯止めをかけることはできなかった。その方向性を定めたともいえる一つの出来事は、トライアルよりも以前に実施されていたヴィクトリア女王のスコットランド訪問（一八六〇）であった。バルモラル城に滞在中の女王の目にとまったのが同地の作業犬たるコリーであった。この種に魅了された女王は何頭かをウィンザー城に連れて帰る。なかでもお気に入りだったのが「シャープ」と名づけたスムース・コートの犬であった。

かくして女王のペットとなったコリーの人気は上昇し、それまでは考えられなかった商業的価値を

19世紀末のコリー （ウォルター・ハント・ジュニア画）

もつようになる。一八九五年までには七つのクラブが存在し、そのほとんどがコリーの単独展を開催する力をもっていた。ヴィクトリア時代のショー・ファンシャーに注目されたこの犬は後にボルゾイとの交配を経て、より高貴な外観をもつようになる。だがショー・ドッグ化へのプロセスにおいて、作業犬としてのコリーの存在意義はどんどん薄れていった。

▼**ボーダー・コリー**

スコットランドのボーダー（イングランドとの境界地方）で何世紀にもわたり牧羊に使われたこの犬は長らくワーキング・コリーと

呼ばれていた。スニーク・スタイルと呼ばれる独特の低い姿勢で羊に接近し、にらみを利かせながら羊をまとめあげる性質をはやくから持っていた犬であった。

ワーキング・コリーの作出については、この犬が活躍した境界地方の自然環境を無視しては語れない。悪天候が多く、岩場と牧草地が入り混じる境界地方では、持久力があって、さほど大きくない小回りのきく犬が必要とされた。それらの牧羊犬が貴重な存在であったことは、地元の羊飼い詩人であったジェームズ・ホッグ（一七七〇―一八三五）が残した「牧羊犬がいなかったら、イングランドとスコットランドの境にある山がちの土地は六ペンスの価値もなかっただろう。羊の群れをまとめたり、市場に運ぶのに、儲けてそれらを維持する以上の手間がかかったに違いない。」との言葉からもうかがいしれる。

他の牧羊犬の場合と同様、ワーキング・コリーの所有者も純血性を重んじる血統にはこだわらなかった。彼らが犬に求めたのは牧羊地における有用性であった。牧羊犬の作業能力の高さを証明すべく、一九世紀の後半にはインフォーマルな競技会がイギリス各地で農場主らによって企画・実施された。フォーマルな競技会は一八七三年に開催されているが、そこで境界地方のコリーは他の地方を代表するコリーを圧倒する優秀な成績を残し、参加者の注目を集めたのであった。

その後、この種の競技会の発展とともに、いわゆる勝てる犬を求めて、より性能を重視した選択交配が行われ、オオカミの捕食行動の一部を固定化し、ハーディング（羊をまとめること）に特化した犬が作られてゆく。だがそのプロセスにおいて容姿の美しさは度外視されたため、結果的にはワーキ

ハイランドで働く牧羊犬　（トーマス・シドニー・クーパー画）

ング・コリーの外観はバラエティーに富んだものとなっていった。

ワーキング・コリーは長らくドッグ・ショーとは無縁であった。ラフ・コリー（スコッチ・コリー）をはじめ、オールド・イングリッシュ・シープドッグ、ビアデッド・コリー、シェットランド・シープドッグなどの、いわゆる見栄えのよいコリーたちは、一九世紀の終わりから二〇世紀のはじめにかけて順次、ケネル・クラブの公認を受けていったが、ワーキング・コリーは例外であった。荒々しい野卑な容姿が同クラブから敬遠されたことや、作業能力を重んじる繁殖家たちが、容姿を重んじるショーとつながりの強いケネル・クラブと関わるのを拒んだのがおもな理由とされている。

この犬が「ボーダー・コリー」と呼称を改められたのは、国際シープドッグ協会が設立された一九〇六年より後のことであり、ケネル・クラブの公認犬種となったのは一九七六年であった。

▼シェットランド・シープドッグ（シェルティー）
この犬はスコットランド本土の北に位置するシェットランド諸島原産の犬である。島に生息する多くの家畜と同じく、厳しい自然環境のなかでも生き延びられるように体は小さく、ラフ・コリーの半分にはるかに及ばないサイズとなっている。

よく働く作業犬として高い評価を受けた犬であった。羊の管理がおもな仕事であったが、それだけでなく小作人の畑を外敵から護ることにも忠実であった。シェットランド諸島の畑は柵で囲われていなかったため、羊が作物を求めて侵入することも多かったが、その際にシェルティーは果敢に吠え立て、羊を追い払ったのであった。また、この犬は羊だけでなく、ポニーやニワトリを管理することもできた。

シェルティーの脱作業犬化の動きは、第一次世界大戦の前に大演習の目的でイギリス海軍がシェットランド諸島に滞在した時にはじまった。彼らは家族への土産としてシェルティーを購入し、それぞれの家に持ち帰ったのであった。

二〇世紀の前半には複数のクラブが設立され、シェルティーはショー・ドッグとして注目されるようになる。その一方で原産地シェットランド諸島での役割は、小作地の拡大などにより大型のシープドッグの需要が増すと、次第に減っていった。

## 牧牛に活躍したキャトルドッグたち

牧牛は、広い牧場で牛の群れをまとめる仕事や、家畜を市場へ歩いて移動させるドローバーとしての仕事などさまざまであった。とくに食料の需要が高かったエリザベス王朝時代にはウェールズの農場主を助けて、牧牛犬は牛をイングランドの市場まで移動させるのに大活躍した。だが、産業革命以後の機械化により市場への様々な輸送手段（鉄道、トラックなど）が出現すると、活躍の機会は大幅に減ることとなった。

ここではコーギーを中心に、そのような機械化の波をかいくぐり生き延びた牧牛犬たちを紹介したい。

### ▼ウェルシュ・コーギーとその他の犬

ウェルシュ・コーギーの二種、すなわちカーディガンとペンブロークは古くからおもに牛を管理する仕事をしてきた。（紀元後九二〇年に遡るウェールズの法規にはすでにコーギーの名前が出てくる。）

ボーダー・コリーなどの牧羊犬が羊の前方に回りこんで群れをまとめるのに対し、コーギーは後方から吠え立てて家畜（おもに牛）が前方に移動するように仕向ける。その際に動かない頑固な牛のかかとを軽く噛む場合もあったことから、ヒーラーと呼ばれたりもした。体の小ささと足の短さがヒーラーの役割を果たすのに好都合であったのは、噛んだ後に体をかがめて牛の蹴りから身を護る必要もあったからである。

管理する対象はおもに牛であったが、その他に羊、ニワトリ、アヒルなどの家畜・家禽類を同じように扱うこともできたという。

カーディガンとペンブロークはともにウェールズの南西部を原産とする種である。外観はよく似ているが、前者のほうが多少大きめで、胴も長い。二種に明確に分けられたのは一九二七年のクラフト展においてであり、一九三四年にそれぞれが独立した犬種として認められた。

ウェルシュ・コーギー（ペンブローク）
（フローレンス・メイベル・ホラムス画）

また現在の英国女王であるエリザベス二世が一九三三年よりペンブロークを飼いはじめて以来、コーギーは英王室のマスコット・ドッグとなっている。

ペットあるいはショー・ドッグとして生き残ったコーギーの他にかつて牧牛犬として活躍した犬としてはランカシャー・ヒーラーやビアデッド・コリーなどがいる。機械化により牧牛の必要がなくなったにもかかわらず前者が生き延びることができたのは、ネズミ捕りの才能があったためである。また後者はスコットランドの丘陵地帯で牛の管理と市場への誘導に使われたが、一九世紀以降は牧羊犬として新たな役割を果たすようになった。

## 多様な仕事をこなしたテリアたち

イギリスは他のどの国よりも多くのテリア種を生み出した国である。テリアをイギリス起源の犬とする見方もあるが、もともとはヨーロッパの各地にいた犬がイギリスにもちこまれ、イングランド、スコットランド、ウェールズ、アイルランドのそれぞれの地域で固有の要請に応えるテリアが作られていったとする見方のほうが有力である。

テリアは「土」を表すラテン語の「テラ」(terra)から派生した言葉である。「土を掘るもの」が元来の意味であることからもわかるように、そのおもな仕事は穴に潜むイタチ、ノネズミ、アナグマ、キツネなど、農家が害獣とみなす小動物を駆除することであったが、実際にはテリアと称される犬の全てが穴に潜ったというわけではなく、様々なタイプが存在した。

テリアはその出自からして労働者階級との結びつきが強い犬であった。そのせいか初期のドッグ・ショーにおけるテリアの評価はごくわずかな種類を除いて低いものであった。その状況を打開せんと努力したのが世界三大ドッグ・ショーの一つであるクラフト展の創始者であるチャールズ・クラフト

(一八五一―一九三八)である。クラフトはニューカッスル公爵夫人グレースなどの支援を得て、それまでマイナーな存在であったテリアの信用と名声を高めるのに尽力する。その甲斐あって、多くのテリアは徐々に商業的な価値を増していった。

以下、上流階級のハンティングの補助に使われたテリア、スコットランドの厳しい自然環境のなかで、おもに農村部で活躍したテリア、イングランドの都市部において産業労働者と関わりのあったテリア、水辺の猟に使われたテリアを例に、一九世紀以降、テリアがいかに多様化していったのかを、ふりかえってみたい。

## ハンティングに同伴したテリアたち

### ▼フォックス・テリア

このグループに入るテリアとしてはまずフォックス・テリアを紹介したい。ワイヤーとスムースの二種類があるが、どちらもフォックス・ハンティングという同じ目的のために活躍してきた。フィールドではハウンドとともに走り、キツネを巣穴から追い出すという役割を果たした。それゆえに、フォックス・テリアはスポーティング・ブリードと見なされることもあった。キツネ狩りが上流階級の趣味であったことから、同スポーツと関わりのあるフォックス・テリアは「テリアの紳士」あるいは「テリアの貴公子」などと呼ばれたりもした。

地下を覗くフォックス・テリア　(アーサー・ウォードル画)

初期のフォックス・テリア（スムース）のコートは濃い色が支配的であった。それがためにキツネの臭いを帯びて巣穴から出てきたテリアが間違ってハウンドから攻撃されることもしばしばあったという。そのような災難をさけるために、薄いカラーのコートをもつ犬が作られてゆく。その結果、一八六〇年代までにはコートについては白が優勢で、ところどころ斑のあるフォックス・テリアが一般的になった。

フォックス・テリアのまっすぐに伸び、たがいに寄り添っている前足は、獲物を追って、巣穴に潜った時、広げた後ろ足の間から土をかき出すのに好都合なつくりであった。

イズリントンの農業ホールで開かれた一八六二年の品評会に、このテリアは独立犬種として出陳された。この時は犬の作業能力も評価された。だが翌年にバーミンガムで開かれたショーでは、審美的な基準をより重視した審査が行われた。そして、この時に出陳されたうちの三頭「ジョック」、「トラップ」、「ターター」が現在のフォックス・テリアの基礎犬となった。このテリアはバーミンガムの大会の一〇年後にはイギリスで最も人気のある犬種になっている。クラブが創立されたのは一八七六年のこと。ちなみに、ワイヤーが一タイプとして認定されたのはその三年前の一八七三年。現在ではスムースよりも高い人気を誇っている。

### ▼ジャック・ラッセル・テリア

このテリアは一九世紀にデボンシャーはスウィムブリッジにあるセント・ジェームズ教会の司牧に

あたったジョン・ラッセル師が作出したフォックス・テリアである。かつては「ワーキング・テリア」、「ジャック・ラッセル・ワーキング・テリア」などと呼ばれたりもした。

ラッセル師によるテリア作出のきっかけは、一八一九年、当時オックスフォード大学の学生であった彼が、オックスフォードからマーストン村へ向かう途上で出会ったある牛乳配達員から、同伴犬を懇願のすえ譲り受けたことに始まる。一説によれば、それはフォックス・テリアとブラック・アンド・タン・テリアの交雑種のような、めずらしいテリアであったという。ラッセル師は「トランプ」と命名したその牝犬を基礎犬として、自らの目指す理想のフォックス・テリアの作出にむけた改良を重ねてゆく。

師が求めたのは、ハウンドと一緒に走れる脚力があり、地中から外によく聞こえる大きな声で吠え、キツネを殺さずに巣穴から追い出せるテリアであった。

面白いのは、ケネル・クラブ草創期のメンバーであるラッセル師が、外見の美しさよりも、フィールドにおける作業能力の高いテリアの作出を試みた点である。その為にビーグル、ボーダー・テリアなどをはじめとする実に様々な犬との交配が行われ、その結果、姿、サイズ、コートの質等においてバラエティーに富んだ一犬種が作り出された。一時は「メジャーな雑種犬」と称されたこともあったという。

このテリアは、ジョン・ラッセル師と同じようにテリアの気質を重んじるスポーツマンに愛好されたが、二〇世紀になると、彼らと対抗して、形態の固定化を求めるグループが出現する。同グループ

ジャック・ラッセル・テリアのポートレート（ライト・バーカー画）

は独自の犬種標準に基づいて一つのタイプすなわちパーソン・ジャック・ラッセル・テリアを作出し、一九九〇年にケネル・クラブから正式な認定を受けている。

## スコットランド原産のテリアたち

### ▼スコティッシュ・テリア

現在は「スコッティー」の愛称で親しまれるこの犬は、古くからハイランド地方で人気のあったテリアであった。同地方の繁殖家たちはテリアの血統や系統といったものには関心はなかった。農場でキツネやネズミなどの害獣を地中まで追いかけて退治できる勇敢な犬であれば、どんな犬でもかまわなかったのである。結果としては、被毛の粗い、短足のテリアが作りだされていった。

この種をふくめ、ハイランドのテリアたちは比較的自由に交雑された。事実、多くのテリア、たとえばスカイ・テリア、ケアン・テリア、ダンディ・ディンモント・テリア、ウェストハイランド・ホワイト・テリアなどが、しばしば「スコティッシュ・テリア」のタイトルで紹介されたりもしたという。そのために一時はスコティッシュ・テリアなるものが本当に存在するのかが議論の的になったことすらあった。

だが一九世紀の後半、ゴードン・マレー大佐とペイントン・ピゴット（ロイヤルビクトリア勲章受

スコットランド原産のテリア　（アーサー・ウォードル画）
左からウェストハイランド・ホワイト・テリア、スコティッシュ・テリア、ケアン・テリア

勲者）という二人の人物が保護に乗り出し、改良プログラムに着手する。彼らの尽力と功績は時のケネル・クラブの会長であるS・E・シャーリー氏に評価され、一八七九年にアレクサンドラ・パレスで開催された同クラブのショーでは、スコティッシュ・テリアのクラスが設けられた。その後、スコッティーの人気はうなぎのぼりに上昇していった。

**▼ウェストハイランド・ホワイト・テリア**

「ウェスティー」の愛称で親しまれるウェストハイランド・ホワイト・テリアはケアン・テリアを祖先にもつ犬で、長い間、ネズミ、イタチ、ウサギ、アナグマ、キツネなどの害獣を地中で追うために活躍したワーキング・テリアであった。

ケアン・テリアの繁殖家のほとんどは、迷

信から白いコートをもつ犬を好ましくない個体として嫌い、出生時には殺めるのが一般的であった。しかし近代に入ると、異なる考え方をする一族が現れる。アーガイルシャーのポルタロックに住むマルコム家の人々であった。その一人であるマルコム大佐は一九世紀のはじめ、岩場の多い猟地では、白い犬のほうが目立ち、害獣と区別しやすいとの実用的見地から、白以外の個体を繁殖から外す方針を打ち出したのであった。

かくて地元の有力者であったマルコム家がウェスティーの作出に関わるようになると、過去の労働者階級色は払拭され、この種は高貴な純血性を象徴する白いコートをもつテリアとしての新たなイメージを帯びるようになっていった。

ウェスティーは二〇世紀初頭までに一つの種として固定された。

### ▼ケアン・テリア

この犬はハイランドの荒々しい自然環境のなかで害獣駆除に用いられた。とくに岩場が多く、霧深いスカイ島で「ケアン」（「石塚」の意）に棲みつき、狩猟の対象となるゲームの棲息を脅かすげっ歯動物を撃退する仕事をこなした。

害獣が棲む石塚に潜り込むには小型である必要があったし、ハイランドの厳しい風土の中で仕事をするためには分厚いコートを身にまとう必要があった。

このテリアは、スコティッシュ・テリア、ウェストハイランド・ホワイト・テリアなどのハイラン

ダンディ・ディンモント・テリア (ジョージ・アール画)

ドのテリアと近縁の関係にある。ケアンはそのなかでも古くから存在した種で、今述べたテリアたちの原型ともいわれている。

ケアン・テリアがショーに出陳されたのは二〇世紀初めの一九〇九年。他のテリアについては美的外観を求めて姿を変えられるケースが多かったが、このテリアの繁殖家たちは手を加え、改良することを頑なに拒んだ。現在でもケアン・テリアは犬種誕生時の姿を比較的、忠実にとどめていると言われている。

### ▼ダンディ・ディンモント・テリア

このテリアの起源についてはあまり良く知られていない。せいぜい分かっているのは、イングランドとの境界に沿った丘陵地帯（チェヴィオット・ヒルズ）で働いていた、粗いコートをもつテリアから生み出されたということくらいであろう。境界地方の農民は、アナグマ、キツネを退治する際にこの犬を用いたが、それ以外の土地ではほとんど無名といってよかった。

このテリアに今ある名前を与えるきっかけとなったのは、一八一四年に刊行されたウォルター・スコットの『ガイ・マナリング』（*Guy Mannering*）という小説である。この小説のなかにスコットは、ジェームズ・デイビッドソンという実在の農民をモデルにした人物（＝ダンディ・ディンモント）を登場させている。小説のなかのディンモントは、モデルとされたデイビッドソンと同じく、テリアを飼っているという設定となっている。

一八二〇年にデイビッドソンは他界するが、その時までには、この境界地方のテリアは「ダンディ・ディンモント」と呼称されるようになっていた。一八六〇年代にはドッグ・ショーにも出陣されたが、時の審査員はダンディに賞を与えることを拒んだ。その理由はダンディが「単なる雑種の一つにすぎない」というものであった。クラブが設立されたのは一八七六年。時を同じくしてこの犬種のスタンダードが確立された。

### ▼スカイ・テリア

このテリアはその名の通り、スカイ島生まれのワーキング・テリアである。この短足テリアは、かつてはウサギやキツネなどの動物を巣穴で追跡する勇猛果敢なテリアであった。

二頭のスカイ・テリア （オットー・ウェーバー画）

スカイ・テリアへの関心が高まるきっかけは、ヴィクトリア女王が一八四二年にこのテリアを飼い始めたという出来事であった。女王の愛顧を得たスカイ・テリアはその後、英王室や貴族のペットとして定着してゆくにつれ、他のテリアとは比べものにならないほど手が加えられていった。

スカイ・テリアを有名にした犬として忘れられないのは「グレーフライアーズ・ボビー」という一頭である。飼い主のジョン・グレーが他界し、エジンバラのグレーフライアーズ教会の墓地に埋葬されると、このスカイ・テリアは実に十四年間、毎日、亡き飼い主の墓を守り続けたという。一八七二年にボビーがこの世を去ると、その忠誠を讃える銅像が作られた。

## 産業労働者階級と関わりのあったテリアたち

### ▼マンチェスター・テリア

一九世紀、多くの産業労働者が住んでいたマンチェスターでは低所得者層むけのアニマル・スポーツが盛んに行われた。なかでも人気があったのがネズミ殺しとラビット・コーシングである。前者に適した犬は、都市部のネズミ退治の目的で作られたブラック・アンド・タン・テリアであったし、後者にはウィペットが用いられた。

やがてマンチェスターに住む愛犬家グループのなかから、今述べた二つのスポーツにともに秀でた犬を求める声が高まり、先述の二犬種が掛け合わされた。その結果、テリアの粘り強さとウィペットのスピードをあわせ持つマンチェスター・テリアが誕生した。

ドッグ・ショーやケネル・クラブの誕生により、このテリアの人気は上昇した。またペットとして愛好家が飼い始めると、この犬種の小型化が図られ、トイ・イングリッシュ・テリア（当時はトイ・ブラック・アンド・タン・テリア、もしくはトイ・マンチェスター・テリアと呼ばれた）が作られていった。

## ▼ヨークシャー・テリア

「ヨーキー」の愛称で人気がある犬だが、もともとは産業革命以後にイングランド北部の炭鉱、紡績工場、製鉄工場で働く労働者によりネズミの駆除に使われたテリアであった。

このテリアの作出にあたり、注目したいのはヴィクトリア王朝時代、職を求めて境界を越え、イングランド北部に移住したスコットランドからの労働者（おもに織工）である。彼らが連れてきたテリアが基礎となり、ヨークシャーでは、それらの犬と地元の様々なテリアが掛け合わされ、新しいテリアを作出する試みがはじめられる。開発途上のテリアは当時「ブロークン・ヘアード・スコッチ・テリア」と呼ばれていた。又、それらの犬は炭鉱でのネズミ捕りがうまかったことから、「鉱山労働者の友」と呼ばれることもあった。現在のヨーキーよりも大きな犬であったという。

イングリッシュ・トイ・テリアとヨークシャー・テリア
（カール J. ズーラント画）

一九世紀の後半、ヨーキーの固定化が図られた過程は、この犬のショー・ドッグとしての可能性が試された時期とも重なった。そして一九世紀の終わりから二〇世紀のはじめにかけて、スカイ・テリアやマルティーズなどの血も導入され、ヨーキーは小型化し、シルキーなコートはますます長くなっていった。二〇世紀に入ると、ドッグ・ショーにおける地位も確立され、テリアのなかでもとりわけ商業的価値をもつ犬になっていく。その時、このテリアを「鉱山労働者の友」と呼ぶ者はもはやいなかった。

## 水中作業をしたテリア

### ▼エアデール・テリア

エアデール・テリアは「テリアの王」と呼ばれ、全テリアのなかで最大の種である。ほとんどのテリアが地上あるいは地中での作業に関わる種であるのに対し、エアデールは水辺の猟にも使われたことから、「ウォーターサイド・テリア」と呼ばれたりもした。

エアデールの名前は、ヨークシャーのエア渓谷に由来する。この犬は一八五〇年頃、ブラック・アンド・タン・テリア（絶滅種）とオッターハウンドを掛け合わせて作られた。ブル・テリアの血が導入された時期もあったという。

作出の目的は漁業を脅かすカワウソなどの害獣退治であった。そのためには力がある、しかも水中

エアデール・テリア　（アーサー・ウォードル画）

作業を厭わない犬が必要であった。また、カワウソは噛む力が強く、大変に凶暴であるために、それと立ち向かうには、ある程度の好戦性も求められた。

また、エアデールはヨークシャーの労働者により、エア川とその支流の川岸を占領する大ネズミの退治にも使われた。テリアの仕事はまず川を泳ぎながら大ネズミの巣穴を探すことであった。見つかると、その穴にはフェレットが放たれた。棲み処から追い出された獲物を最後にテリアが捕らえるというのが一連の流れである。この大ネズミ退治はポイント制の競技として行われたこともあり、その際には近隣から多くの見物客が押し寄せたという。

今、紹介した水辺の猟の他、エアデールは地上でのハンティングにも活躍した。対象となった獲物はニオイネコ、テン、キツネ、アナグマなどであった。また、キジやカモなどの鳥類の回収犬としても活躍した。

この犬は一八七九年までに一つの犬種として公認された。

## ブラッド・スポーツの禁止
### ——闘う犬からショー・ドッグ、ペット・ドッグへ

闘う犬の歴史についてはブルドッグを中心に見てきた。何世紀にもわたり、様々の動物を相手に犬

が闘う姿に人々は熱狂したが、近代後期に入ると動物いじめに対する風当たりは強くなり、一八三五年にブラッド・スポーツは法律で禁止された。

闘う犬たちは当然のごとく活躍の場を失う。だが暫くすると、それらの犬たちは新しい活路をドッグ・ショーの世界に見出していく。

以下、ショーへの出陣にむけて、闘犬たちがどのように改変されていったのかを追ってみたい。

### ▼ブルドッグ

牛掛け（ブル・ベイティング）の禁止とともに、闘犬としてのブルドッグの役割は終わる。その後、ブルドッグの犬質は一時的に低下した。同犬に対するイメージも悪化し、「居酒屋犬」とのレッテルをはられた時期もあった。だが暫くすると、そうしたブルドッグにも新たな活路が開かれる。ブリーダーたちが目を転じた先はドッグ・ショーの世界であった。

ブルドッグは早い時期からショーに参加している。一八五九年にニューカッスル・アポン・タインで最初のオフィシャルなショーが開かれたのは周知のとおりだが、翌年のバーミンガムで開かれた大会にブルドッグは早くも出陣されている。

ショーが出現する前の段階で注目したいのはパグとの交配である。これは一八四〇年代から見られた現象だが、そこにはブルドッグの鼻をさらに低くする狙いがあったのは疑うべくもない。牛いじめ

19世紀後半のブルドッグ (ジョシュア J. ギブソン画)

の禁止を受けて仕事を失い、新たな場での活躍を余儀なくされたブルドッグに求められたのは、何よりも人目を引く際立った形状なのであった。

やがてブルドッグを衆目の的にする動きのなかで関係者が必要性を意識したのがスタンダード（犬種標準）の作成であった。数世紀にもわたる同犬の歴史では、牛と闘う犬の総称が「ブルドッグ」であるという時代が長く続いた。牛いじめの禁止後もブリーダーたちは各々の方針で繁殖を進めていたが、彼らには拠り所とするスタンダードはなかった。そこで有志たちが結束し、一八六五年に作成したのがフィロ・クオンというスタンダードであった。その十年後にはフィロ・クオンを多少、改訂し、ショーを意識した新スタンダードが発表される。このスタンダードは二〇世紀後半にケネル・クラブが再びブルドッグの犬種標準を改訂するまで一〇〇年以上もの間、存在し続けたのは注目に値する。

だが、ブルドッグの体型がスタンダードの改訂を経て固定化されたかというと事実は必ずしもそうではなかった。ヴィクトリア時代に描かれたブルドッグの絵画を見ても、同時代のなかでブルドッグは年代により様々な姿をしていたことがわかる。言いかえれば、ブリーダーたちはスタンダードを都合よく解釈していたともいえよう。

問題はヴィクトリア王朝時代の後期からブルドッグの姿が次第に誇張されていったという点である。闘牛犬時代へのノスタルジアに浸るファンシャーたちにより、頭部は大きく、鼻はさらに短く、四肢はより短く蟹股に、顔に深い皺をもつ、従来のタイプとは似ても似つかぬブルドッグが作り上げられていった。だが、そのプロセスにおいて、性格はペットに適した、温順で気立ての良い犬に改変されていったのも事実である。

### ▼ブル・テリア

テリアという名はついているものの、ブル・テリアは穴居性害獣の駆除というよりは、犬同士の闘いのために一八世紀以降、作出された犬種である。テリアの血の導入はよりエキサイティングな闘いを求めてのことであった。よく知られているように、一八三五年にアニマル・スポーツが禁止された後も、暫くの間ドッグ・ファイティングは続けられた。ピットの主役が牛よりも小さい犬であったために人目を忍んで、こっそりと行うことができたのであった。

一九世紀の半ば頃になり、犬の品評会がイギリス各地で催されるようになると、ブルドッグと同様、ショー・リングでの可能性を求めて、ブル・テリアの改良にふみだすブリーダーたちが出現する。なかでも有名なのはバーミンガムのジェームズ・ヒンクスである。

ヒンクスは既存のブル・テリアに他犬種とくにホワイト・イングリッシュ・テリア（絶滅種）を掛け合わせることで、古いタイプのブル・テリアからブルドッグ色を一掃することに努めた。暫くすると、より長い頭部をもつ、均整のとれた新種が誕生する。

ヒンクスが作出を手がけたブル・テリアは圧倒的に白い犬が多かった。一時は白いコートの個体が優勢になり、それ以外の色の犬がほとんど見られない時期もあったが、愛好家の努力により後者は絶滅を免れた。

20世紀初頭のブル・テリア（F. C. クリフトン画）

その後、ブル・テリアは、S・E・シャーリーをふくむ初期のケネル・クラブのメンバーからの支持を受け、ショー・ドッグそして家庭犬としての確固たる地位を築いてゆくのであった。

# エピローグ――まとめにかえて

イギリスを原産国とする犬の種類は多い。それらは元々イギリスにいた土着犬と、しかるべき時代に外国からもたらされた外来犬を基礎犬として作り出された種である。一部の愛玩犬を除いて、イギリスの犬たちは人間社会のなかで何らかの仕事をまかされてきた。注目すべきは、時代により変わる役割、さらには地域ごとに異なる気候風土などに合わせて、実に様々な犬が作り出されていったという点である。現在、イギリス原産とされる犬の種類が豊富であるゆえんである。

初期の獣猟についていえば、フランスのスタイルがもっぱら模倣された。ハウンド（獣猟犬）もフランス原産の犬がほとんどであり、狩りのターゲットとなるゲーム（猟獣）も階層別に定められていた。しかしイギリスでは封建制度の崩壊に伴い、非支配層の一部がジェントルマン化するという社会現象が生まれ、異階級間の人的流動もさかんにみられ、裕福な者は財力の許す範囲内で自分に適したスタイルの狩猟（大陸とはいささか異なるインフォーマルな狩猟の形態もふくめて）を比較的自由に楽しむことができたのであった。そのような時代を経て、やがてイギリス人は大陸にはみられない、スピード感あふれる独自のスタイルを猟に求め、フォックスハウンドなど脚力のある獣猟犬を作出していく。また変化に富んだイギリスの猟野を念頭においた犬作りも展開されたために、バラエティーにあふれたローカル・タイプが作り出されていった。

近代に始められた銃猟についても、初期の段階ではヨーロッパ先進国の技術を踏襲するかたちで行われた。銃の発達段階に応じて、スパニエル（この犬は銃猟がはじまる以前から鷹狩りなどにも用いられた）、ポインター、セターなどの猟犬が適宜、使用された。

農地を含む猟場の環境に変化をもたらしたのは機械化をふくむ農業改革の波であった。水はけがよくなり、草が短く刈り込まれた改良農地で行われる銃猟のスタイルは、それまでとは明らかに異なるものであり、獲物の回収を専門とするレトリーバーが新スタイルのシューティングにふさわしい犬として脚光をあびる。連発銃の開発と射撃術の進歩により、空高く飛ぶ鳥を大量に仕留めることができる時代がやってきたのであった。

このように銃猟スタイルの変化にあわせて、様々な種類のガンドッグ（銃猟犬）が用いられたが、それに加えイングランド、スコットランド、ウェールズ、アイルランドなどのそれぞれの地形を視野に入れ、だだっ広い平地、丘陵地、農地、湿地などでの猟に対応できるガンドッグが作られていったのも、このグループに入る犬の種類が豊富となった要因といえよう。

また大陸では猟場において複数の役割を果たすガンドッグが見られる一方で、イギリスでは一つの猟芸に特化したガンドッグが作られる傾向があった点も申し添えておきたい。このことは、ガンドッグの作出に携わったのが、ハウンドの場合と同様、おもに貴族、ジェントリーなどの上流階級であった点と大いに関係している。彼らは繁殖に関する最新の知識と技術を駆使し、さらには豊かな財力と有り余る時間をかけて、自らの用途に合わせて、一つの技能に特化した犬をじっくりと作り出すことができた人たちであった。彼らは狩猟に際し、異なる猟芸をもつ複数の犬を場面ごとに使い分ける醍醐味をフィールドで満喫した。そのようなスポーツマンには多芸に秀でた猟犬は不必要であった。

イギリスでは古くから毛織物産業、牧畜業が盛んであったため、それらの産業を根底より支えるシープドッグ、キャトルドッグはとても大切な存在であった。牧場で働く犬たちとしては、おもに家畜の護衛、ハーディング（家畜をまとめること）、ドロービング（市場への家畜の誘導）のいずれかの目的にあわせた様々な犬種が作られていった。さらに一七〇七年にイングランドとスコットランドが統合されると、両地域のシープドッグの交雑がみられ、種類もふえた。

だがフィールドと同様、牧場にも変化の波が押し寄せる。輸送手段の機械化や産業革命以後の牧羊業の縮小により、役割を失っていった犬たちもたくさんいた。そのなかで生き残った犬は、時の牧羊業に欠かせない高い能力の持ち主であった。たとえばボーダー・コリーについていえば、機械化された輸送手段を有効に活用できない環境、傾斜が急な丘陵地などにおけるハーディングや群れの誘導に適した能力と体型をこの犬がもちあわせていた点は見逃せない。また、この犬の多くは、群れとして固まりにくいイギリスの羊を動かすのに有効なにらみをきかすことができる「アイ」を生得的に備えていた。

農場で田畑を荒らす害獣の退治に活躍したのがテリアであった。イギリスは「テリア王国」といわれるだけに、その数は実に多い。種類の豊富さの背景には、繁殖家たちが、ある意味で無計画に（純粋な血統にこだわらずに）、それぞれの土地に必要な犬を作っていったという歴史がある。その結果、害獣の種類のみならず、それぞれの習性、棲み処、さらには害獣の生息地を取り巻く環境をふまえた、実にバラエティーに富んだ種が作り出されていった。

一八世紀になりイギリスが工業社会に変化すると、テリアたちのなかには飼い主とともに地方の産業都市に移り住んだものもいた。それらの犬たちは鉱山、工場のみならず労働者の集合住宅に巣くうネズミの退治に大活躍した。

農・牧場で働いていた牧羊・牧牛犬とテリアについては、繁殖についての詳細な記録は残っていない。それは仕事上それらの犬と関わりをもったのが、いわゆる労働者階級であったことと無関係ではなかろう。貧しく、教育のレベルも決して高くなかった彼らは繁殖に関する体系的な知識は持ち合わせていなかったのである。ちなみに、ボーダー・コリーの計画的繁殖がはじまったのはシープドッグ・トライアルがスタートした一八七三年以降であった。

上流階級と労働者階級という二つの異階級が融合するかたちで楽しむ娯楽も存在した。それは牛いじめ（牛追い、牛掛け）、熊掛け、闘犬というかたちをとった、いわゆるアニマル・スポーツである。上流階級は余暇の娯楽として、労働者階級は過酷な日常の憂さ晴らしとして、思い思いに楽しんだのであった。上流階級などの支配層にとりそれらのイベントは、労働者にガス抜きをさせる格好の機会でもあり、場所（ピット）や動物の提供などを通して、農村共同体のリーダーとして家父長的な庇護の精神を表す、またとないチャンスでもあった。

イベントに使用された犬としては古くはマスティフ・タイプの犬が主流であったが、近代に入ると、対戦相手となる特定の動物を意識した犬、すなわちブルドッグやブル・テリアが作られはじめる。アニマル・スポーツが賭けの対象とされたのも、より戦闘的な犬が作り出される大きな要因となった。

かくして、フィールド、牧場、農地、湿地、工業地帯、ピットなどにおいて活躍した犬の歴史をふりかえると、各々の場で、時代変化にともなう様々な要請に応えるかたちで改良され、あるいは新しく作り出されていった種があった一方で、本来の役割を失って姿を消した種も少なからずいた事実が判明した。生き残った犬たちは、それまでとは違う仕事をまかされた犬であったが、新たな仕事が見つからなかった犬たちのなかで絶滅を逃れた犬もいた。その受け皿となったのがドッグ・ショーであった。

一九世紀に入ると犬の優秀性を審美的な基準で評価し、それを公にしようという発想をもつ人たちが現れた。それらの有志たちがはじめたのがドッグ・ショーであった。犬たちの中には、ショーの出現により、それまでの過酷な使役から解放された種も少なからずあった。

労働者階級にとりドッグ・ショーとはアニマル・スポーツの禁止（一八三五）により活躍の場を失った闘犬（ブルドッグ、ブル・テリア、テリア）らに新たな舞台を提供する機会でもあったし、賭けとは異なる方法でのビジネスを展開する機会ともなった。

都市に住む中産階級にとりドッグ・ショーはまた異なる意味合いをもっていた。上昇志向をもつ彼らにとり、役に立たない犬（ペット化されたワーキング・ドッグをふくむ）の愛好とは、自分たちより上位の階級をライフ・スタイルの点において模倣する営みであった。したがって中産階級にとってのショーは自らの犬（＝ステータス・シンボル）の優秀性を誇示するまたとない機会であったのである。

上流階級の人々は、当初はドッグ・ショーに対し、今ふれた二階級とは異なるスタンスをとっていた。彼らにとって犬とは、愛玩犬を除いては、フィールド・スポーツの伴侶であり、狩猟の場にあって役にたつ犬こそ価値のある存在であった。したがってドッグ・ショーの台頭に危惧の念をもつスポーツマンも少なからず存在した。時のケネル・クラブがフィールド・トライアル（野外実地競技会）を設けたのも、彼らの不安を少しでも軽減しようという狙いからであった。

だが、ドッグ・ショーを権威化しようとする流れのなかで、あきらかに上流階級には主導的な役割が期待された。現にケネル・クラブ草創期のメンバーの多くは有閑階級のスポーツマンであったし、また名だたるドッグ・ショーに犬を出陳した者のなかにはニューカッスル公爵夫人もいた。ヴィクトリア女王もいくつかのショーに愛犬を出陳している。

現在、ドッグ・ショーは世界の各地で開催されている。それらのイベントについては様々な賛否両論が聞かれる。反対意見としては、ショーの影響により各々の犬種が祖先から本来受け継がれるべき特性（それが身体的なものであれ、気性に関わるものであれ）が失われてしまうのを嘆くものが多い。だが反面、ショーを契機に繁殖家によって正しい方向への改良がなされれば、質の向上が期待できる犬種が少なからず存在するのも事実である。犬の愛好家たちがドッグ・ショーにいかなる価値を見出すのか。今後の展開を見守りたい。

以上、限られたページのなかでイギリスにおける人と犬との関係をたどり、同国でかくも多くの犬種が生み出された背景を探ってみた。冒頭で述べたように、「階級」と「社会変化」の二つのキーワードを軸に、イギリス社会史のなかに犬種の誕生を位置づけてみたが、どれだけ狙い通りの成果があったかはなはだ心もとない。思わぬ誤りもあろうかと思う。ご指摘いただければ幸いである。

# 参考図書

Gervase Markham, *The English Housewife*（First published in 1615 under the title *Country Contentments*）（London: Hannah Sawbridge, 1683）

Thomas Bewick, *A General History of Quadrupeds*（New Castle upon Tyne, 1790）

Richard Lawrence, *The Complete Farrier and British Sportsman*（London: W Lewis, 1816）

Colonel Peter Hawker, *Instructions to Young Sportsmen in All That Relates to Guns and Shooting*（London: Longmans, 1833）

Joseph Strutt, *The Sports and Pastimes of the People of England*（London: Printed for Thomas Tegg, 73, Cheapside, 1838）

Hugh Dalziel, *British Dogs: Their Varieties, History, Characteristics, Breeding, Management and Exhibition*（London: The Bazaar Office, 1880）

The Duke of Beaufort and Mowbray Morris eds., *Hunting: The Badminton Library of Sports and Pastimes*（London: Longmans, Green, and Co., 1885）

Rawdon B. Lee, *A History and Description of the Modern Dogs of Great Britain and Ireland*（Sporting Division）（London: Horace Cox, 1893）

Rawdon B. Lee, *A History and Description of the Modern Dogs of Great Britain and Ireland*（Non-Sporting

Division）（London: Horace Cox, 1894）

Rawdon B. Lee, *A History and Description of the Modern Dogs of Great Britain and Ireland*（The Terriers）（London: Horace Cox, 1894）

Edward of Norwich, *The Master of Game*（Philadelphia: University of Pennsylvania Press, 1909）

P. R. A. Moxon, *Gundogs: Training and Field Trials*（London: Popular Dogs, 1958）

Joan McDonald Brearley, *The Book of the Bulldog*（Neptune City: T.F.H.Publications, 1964）

John Gay, *Fables: Two Volumes in One*（London: Scolar Press, 1969）

Samuel Pepys, *The Diary of Samuel Pepys, Vol.7: 1666*（University of California Press, 1972）

Peter Beckford, *Thoughts on Hunting*（London: Methuen Co. Ltd., 1981）

Vero Shaw, *The Classic Encyclopedia of the Dog*（New York: Bonanza Books, 1984）

L. D. Benson ed., *The Riverside Chaucer*（Boston: Houghton Mifflin, 1987）

Colonel Peter Hawker, *The Diary of Colonel Peter Hawker 1802-1853*（Greenhill Books, 1988）

William Arkwright, *The Pointer and His Predecessors*（Argue Publishing, 1989）

Colonel David Hancock, *The Heritage of the Dog*（Alton: Nimrod Press, 1990）

Jane Farrington, Gabriela MacKinnon and David Symons compiled, *Man's Best Friend*（Birmingham: Birmingham Museum and Art Gallery, 1991）

Loyd Grossman, *The Dog's Tale*（London: BBC Books, 1993）

William Harrison, *The Description of England: The Classic Contemporary Account of Tudor Social Life*（New York: Dover Publications, 1994）

Dieter Fleig, translated by William Charlton, *History of Fighting Dogs*（Neptune City: T.F.H. Publications, 1996）
William Shakespear, *The Oxford Shakespear: Henry VI, Part Two*（New York: Oxford University Press, 1997）
Robert Jenkins and Ken Mollett, *The Story of the Real Bulldog*（Neptune City: T.F.H. Publications, 1997）
*The Kennel Club's Illustrated Breed Standards*（London: Trafalgar Square, 1998）
F. Avril, W. Schlag, M. Thomas eds., *The Hunting Book of Gaston Phebus*（Manuscripts in Miniature）（Harvey Miller Publishers, 1998）
Walter Scott, *Guy Mannering*（London: Penguin Books Ltd., 2003）
Johannes Caius, translated by Abraham Fleming, *Of English Dogs*（Alcester: Vintage Dog Books, 2005）
Pierce O'Conor, *Terriers for Sport*（Alcester: Read Dog Books, 2005）
*The Kennel Club's Illustrated Breed Standards* (London: Trafalgar Square, 1998)
William Nelson ed., *Manwood's Treatise of the Forest Laws*（Whitefish: Kessinger Pub. Co., 2008）
David Craig ed., *Labrador Retriever*（Lydney: The Pet Book Publishing Company, 2008）
Celia Woodbridge ed., *English Springer Spaniel*（Lydney: The Pet Book Publishing Company, 2008）
G・M・トレヴェリアン著　藤原浩／松浦高嶺訳『イギリス社会史１』（東京：みすず書房、一九七一年）
ジリー・クーパー著　渡部昇一訳『クラース　イギリス人の階級』（東京：扶桑社、一九七九年）
G・M・トレヴェリアン著　松浦高嶺／今井宏訳『イギリス社会史２』（東京：みすず書房、一九八三年）
R・J・ミッチェル、M・D・R・リーズ著　松村　赳訳『ロンドン庶民生活史』（東京：みすず書房、一九八六年）

大内輝雄『羊蹄記　人間と羊毛の歴史』（東京：平凡社、一九九一年）
ロバート・W・マーカムソン著　川島昭夫他訳『英国社会の民衆娯楽』（東京：平凡社、一九九三年）
ジェイムズ・ターナー著　斎藤九一訳『動物への配慮　ヴィクトリア時代精神における動物・痛み・人間性』（東京：りぶらりあ選書　法政大学出版局、一九九四年）
マーシャ・シュレアー著　牧田傑　監訳『ゴールデン・レトリーバー』（東京：批評社、一九九八年）
ハリエット・リトヴォ著　三好みゆき訳『階級としての動物　ヴィクトリア時代の英国人と動物たち』（東京：国文社、二〇〇一年）
斐藪豊作　監修『JAPAN　KENNEL　CLUB最新犬種スタンダード図鑑』（東京：学習研究社、二〇〇四年）
デズモンド・モリス著　福山英也　監修『デズモンド・モリスの犬種事典』（東京：誠文堂新光社、二〇〇七年）

## す



## せ

# 索　引

索引は五十音順、外国人名は原則として姓を見出し語とした。なお、著書等はその後に掲げた。

著者紹介

下田尾　誠（しもたお　まこと）
同志社大学大学院文学研究科博士課程前期修了（中世イギリス文学専攻）
1988年4月から2005年3月　新島学園女子短期大学で教える。その間、群馬大学講師、高崎経済大学講師を兼任。2007年4月、学校法人中央総合学園　高崎ペットワールド専門学校に就任。現在に至る。

著書：『時事英語の効果的な学び方』（共著）（英宝社、1997）、『地域研究入門―多文化理解の基礎』（共著）（開文社、1997）、「はじめに―EU世界を読む」『EU世界を読む』（世界思想社、2001）、『ペットビジネス英会話』（インターズー、2006）。
論文：「Entente考―Chaucerの“Friar's Tale”をめぐって」『中世英文学への巡礼の道』（南雲堂、1993）、「Chaucerの*Man of Law's Tale*に見られる受難への献身」『ことばと文学』（英宝社、2004）その他。
翻訳：『アメリカン・ボード宣教師文書　上州を中心として』（共訳）（新教出版社、1999）、デビッド・ハンコック「ブリッシュ・テリアの育種」『新島学園女子短期大学紀要』19号、ジュリエット・カンリフ「初期の銃猟犬をふりかえる」『新島学園女子短期大学紀要』19号。
エッセイ：「イギリスのユーフォリア・シープドッグセンター訪問記」『愛犬の友』（誠文堂新光社、2007）その他。

イギリス社会と犬文化――階級を中心として――　（検印廃止）

2009年10月20日初版発行　2013年4月1日第2刷

著　　者　下田尾　誠
発 行 者　安居洋一
印刷・製本　創栄図書印刷

〒162-0065　東京都新宿区住吉町8-9
発行所　開文社出版株式会社
TEL 03-3358-6288　FAX 03-3358-6287
www.kaibunsha.co.jp

ISBN978-4-87571-872-7　C1039